环境工程专项技术研究与应用系列丛书

新型水处理药剂高铁酸盐

刘 伟 编著

中国建筑工业出版社

图书在版编目（CIP）数据

新型水处理药剂高铁酸盐/刘伟编著. —北京：中国建筑工业出版社，2007
（环境工程专项技术研究与应用系列丛书）
ISBN 978-7-112-09605-3

Ⅰ. 新… Ⅱ. 刘… Ⅲ. ①污水处理-水处理药剂
②铁酸盐-研究 Ⅳ. X703.3 O614.81

中国版本图书馆 CIP 数据核字（2007）第 144784 号

环境工程专项技术研究与应用系列丛书
新型水处理药剂高铁酸盐
刘 伟 编著

*

中国建筑工业出版社出版、发行（北京西郊百万庄）
各地新华书店、建筑书店经销
霸州市顺浩图文科技发展有限公司制版
北京富生印刷厂印刷

*

开本：787×960 毫米 1/16 印张：10 字数：167 千字
2007 年 12 月第一版 2007 年 12 月第一次印刷
印数：1—2500 册 定价：**29.00** 元
ISBN 978-7-112- 09605-3
（16269）

版权所有 翻印必究
如有印装质量问题，可寄本社退换
（邮政编码 100037）

高铁酸盐是一种新型的水处理药剂。本书共分 8 章，系统介绍了高铁酸盐的物化特性、制备方法；详细报道了高铁酸盐对受污染地表水中微量有机物、藻类、重金属离子、铁、锰的处理效果和强化混凝的作用；对高铁酸盐处理几种废水的效果也进行了综述。最后，本书还论述了高铁酸盐工程应用前景，提出了工程应用的建议。

本书可供从事水处理药剂研究的科研人员和市政环境工程专业的研究生参考和学习。书中提供的高铁酸盐制备方法和净水效能试验数据，对设计院、水处理厂和环保公司的工程技术人员也有很好的参考价值。

* * *

责任编辑：石枫华
责任设计：赵明霞
责任校对：陈晶晶　孟　楠

前　言

我国许多饮用水源正受到日益严重的污染，常规水处理工艺的处理对象主要是水中的浊度物质，对多种溶解性污染物作用甚微。寻求高效、经济、方便的受污染水治理技术是目前给水处理领域科研机构和工程界共同关注的问题。高铁酸盐由于其独特的化学性质，从 20 世纪 90 年代开始逐步引起国内学者的兴趣。

高铁酸盐是一类无机强氧化剂，标准氧化还原电位为 2.20V（高于臭氧的标准氧化还原电位 2.08V），实际应用一般合成其钠盐或钾盐（Na_2FeO_4、K_2FeO_4）。高铁酸盐广泛应用于纺织、漂白、消毒、电池电极等方面，其中热点应用方向之一是水处理，是一种具有潜在应用价值的新型水处理药剂。

高铁酸盐在水中还原后生成新生态羟基氧化铁，最终形成氢氧化铁胶体沉淀，这个特性使它同时具有氧化、絮凝双重水处理功能。近 10 多年的研究已经证实，高铁酸盐用于饮用水处理可以高效氧化分解有毒有害的有机污染物、灭活并强化去除湖泊、水库水中孳生的藻类、杀灭病毒细菌、吸附共沉重金属离子、提高混凝效率，能够全面提升饮用水水质。另外，高铁酸盐用于废水处理也可达到高效脱色、去除 COD、共沉重金属离子等效果。由于其多功能的水处理除污染作用，理论上高铁酸盐可以广泛应用在水与废水处理的各个方面，是具有相当应用潜力的优良水处理药剂。

高铁酸盐在潮湿条件下易分解，成品不易保存。另外，高铁酸盐合成难度大、产率低，在国内一直没有实现商业化生产，这在一定程度上限制了高铁酸盐的应用。作者在前人研究的基础上研究了一种高铁酸盐制备工艺。工艺的主要特点是采用二价铁为原料降低制备成本，添加无机稳定剂提高成品稳定性，基本满足了工业化生产的要求。其他学者也相继发明了一些合成高铁酸盐的方法，并对合成方法的最优工艺参数进行了研究，这些研究工作为高铁酸盐的实际应用奠定了理论基础和提供了技术支持。

目前国内已经开展的研究工作几乎覆盖了从制备到应用的各个方面，并已经获得了大量研究结果。但许多水处理工程师、研究者以及环保公司、水厂等潜在用户对高铁酸盐研究进展与应用的了解有限。这主要是因为有关高铁酸盐的制备和应用的几百篇文章均发表在 Water Research、Inorganic Chemistry、Environment Science and Technology、《环境科学》、《中国给水排水》等各类学术期刊上。一方面大多数文献涉及专业范围广泛、内容分散；另一方面有些研究过于深入，虽然检索工具日趋简便快捷，但对于非从事高铁酸盐研究工作的读者而言，在短期内查阅如此大量的文献，并从中提取到有用的信息是非常困难的。在这种情况下，有必要出版一本系统、全面介绍高铁酸盐制备工艺、应用范围和净水效果的专业书籍。

本书以笔者的研究结果为主，结合国内外研究的最新进展，系统介绍了高铁酸盐的物化特性、制备方法，在水与废水处理中的应用范围和处理效果。水处理工程师、设计人员、环保公司和水处理厂的技术人员等可以从本书中获取高铁酸盐的重要理论知识和应用要点。科研人员、环境工程专业的学生也可以参考本书学习关于水处理药剂的基本知识和科研方法。

目 录

第1章 高铁酸盐的制备 ·· 1
1.1 分子结构 ··· 1
1.2 测定方法 ··· 2
1.2.1 砷酸盐法 ··· 2
1.2.2 铬酸盐法 ··· 3
1.2.3 循环伏安法 ·· 3
1.2.4 分光光度法 ·· 3
1.3 溶解度 ·· 4
1.4 稳定性 ·· 5
1.5 高铁酸钾的制备 ·· 7
1.5.1 熔融法 ·· 7
1.5.2 电解法 ·· 8
1.5.3 次氯酸盐氧化法 ·· 10
1.6 小结 ·· 15

第2章 高铁酸盐氧化去除有机污染物 ··· 16
2.1 饮用水强化除污染技术 ··· 16
2.2 高铁酸盐去除地表水中微量有机物 ·· 18
2.3 高铁酸盐氧化酚类有机物 ·· 24
2.3.1 高铁酸盐氧化地表水中的酚 ·· 25
2.3.2 高铁酸盐氧化纯水中的苯酚 ·· 27
2.3.3 高铁酸盐氧化其他酚类化合物 ··· 30
2.3.4 高铁酸盐氧化酚类化合物历程 ··· 31
2.4 高铁酸盐氧化其他有机物历程 ·· 33
2.4.1 醇 ··· 33
2.4.2 苯胺 ·· 35
2.4.3 氨三乙酸（NTA）··· 36
2.4.4 硫代乙酰胺 ·· 37
2.4.5 羟胺 ·· 38
2.4.6 3-巯基-1-丙磺酸（MPS）、2-巯基烟酸（MN）································· 39
2.4.7 S-甲基-L-半胱氨酸、L-胱氨酸、L-半胱氨酸 ····································· 40
2.4.8 硫脲 ·· 40

2.4.9 肼 ··· 41
2.4.10 Fe(V)的氧化性 ·· 42
2.5 小结 ··· 44

第3章 高铁酸盐氧化无机物 ··· 45
3.1 硫化氢 ·· 45
3.2 硫的含氧化合物 ·· 46
3.3 硫化矿渣 ··· 49
3.4 亚硒酸盐 ··· 49
3.5 砷(Ⅲ) ·· 50
3.6 氰化物 ·· 51
3.7 硫氰酸盐 ··· 53
3.8 小结 ··· 54

第4章 高铁酸盐处理含藻水 ··· 55
4.1 含藻水特性及除藻方法 ··· 55
  4.1.1 含藻水特性 ·· 55
  4.1.2 水体藻类的控制 ·· 57
  4.1.3 含藻水的处理方法 ··· 57
4.2 高铁酸盐预氧化除藻效果 ·· 58
4.3 高铁酸盐预氧化除藻机理 ·· 63
  4.3.1 高铁酸盐对藻细胞表面结构的破坏 ···································· 63
  4.3.2 含藻水溶解性有机物变化 ··· 67
  4.3.3 腐殖酸的影响 ·· 72
4.4 pH对混凝除藻效率的影响 ·· 76
4.5 高铁酸盐预氧化与预氯化除藻效果对比 ································· 79
4.6 小结 ··· 80

第5章 高铁酸盐去除金属污染物 ·· 81
5.1 高铁酸盐去除重金属 ·· 81
  5.1.1 天然水中的重金属 ··· 81
  5.1.2 铅、镉、铜、锌的去除 ··· 82
  5.1.3 pH对去除率的影响 ··· 86
  5.1.4 吸附作用机理 ··· 88
5.2 高铁酸盐去除地表水中的锰 ·· 92
  5.2.1 水环境中的锰 ·· 92
  5.2.2 水中的锰的氧化去除 ··· 93
  5.2.3 高铁酸盐氧化除锰 ··· 95

目录

- 5.3 高铁酸盐预氧化工艺剩余铁问题 … 98
- 5.4 小结 … 102

第 6 章 高铁酸盐预氧化强化混凝 … 104
- 6.1 高铁酸盐强化混凝 … 104
  - 6.1.1 强化混凝技术背景 … 104
  - 6.1.2 预氧化强化混凝 … 105
  - 6.1.3 水库水处理效果 … 106
  - 6.1.4 夏季江水处理效果 … 113
  - 6.1.5 冬季江水处理效果 … 115
- 6.2 高铁酸盐预处理对余铝的影响 … 119
  - 6.2.1 饮用水残留铝研究现状 … 119
  - 6.2.2 水中天然有机物对剩余铝的影响 … 122
  - 6.2.3 高铁酸盐处理对出水余铝影响 … 123
- 6.3 小结 … 131

第 7 章 高铁酸盐处理废水 … 132
- 7.1 混合废水 … 132
- 7.2 放射性废水 … 133
- 7.3 含铬废水 … 134
- 7.4 丙烯腈废水 … 135
- 7.5 印染废水 … 137
- 7.6 炸药废水 … 138
- 7.7 冷却系统生物膜 … 139
- 7.8 灭活病毒 … 140
- 7.9 小结 … 142

第 8 章 高铁酸盐工程应用前景与建议 … 143
- 8.1 高铁酸盐应用总结 … 143
  - 8.1.1 高铁酸盐的使用方法 … 143
  - 8.1.2 高铁酸盐除污染效果和影响因素 … 143
  - 8.1.3 高铁酸盐处理的技术优势 … 144
- 8.2 主要问题和展望 … 145
  - 8.2.1 高铁酸盐应用的经济技术瓶颈 … 145
  - 8.2.2 面临的主要问题 … 145

参考文献 … 147

第 1 章 高铁酸盐的制备

高铁酸盐早在 18 世纪初即被人们发现，但在 19 世纪中期才实现实验室合成，其后不断有人进行高铁酸盐合成方法和工业生产工艺的研究工作。由于制备条件苛刻、合成困难、高铁酸盐成品易分解等原因，高铁酸盐性质和应用的研究一直没有得到很好的开展。20 世纪 30 年代发明的次氯酸盐氧化法合成高铁酸盐为现代高铁酸盐制备研究奠定了基础。近几十年来，高铁酸盐制备方法日渐成熟，产率和成品纯度不断提高，技术上已经能够满足生产和实际应用的需要。随着高铁酸盐制备难题的逐步解决，高铁酸盐物理化学性质，如其酸根离子（FeO_4^{2-}）的生成热、生成自由能、光谱特性、空间结构、电子能级、稳定性、氧化还原过程等也逐一通过试验测定或经计算得到。其中氧化还原特性和稳定性是比较重要的两个物化性质，了解这两个性质能够更好的掌握和理解高铁酸盐制备工艺的特点及其净水功能的内在原因。

1.1 分子结构

高铁酸盐是铁的六价化合物，指高铁酸根（FeO_4^{2-}）的金属盐类。目前合成的高铁酸盐包括 Na_2FeO_4、K_2FeO_4、Li_2FeO_4、Cs_2FeO_4、Ag_2FeO_4、$CaFeO_4$、$MgFeO_4$、$SrFeO_4$、$BaFeO_4$、$ZnFeO_4$ 等。高铁酸晶体属于正交晶系，与 K_2SO_4、K_2CrO_4 和 K_2MnO_4 有相同的晶型。以高铁酸钾为例，高铁酸根具有正四面体结构，Fe 原子位于四面体中心，4 个氧原子位于四面体的四个角上，呈现出略扭曲的四面体结构。图 1-1 所示为高铁酸根的空间构型。

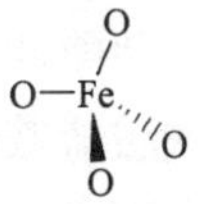

图 1-1 高铁酸根空间构型

高铁酸盐一般为深紫色固体，溶液具有特定紫色，最大吸收波长为 510nm，摩尔吸光系数为 1030L/(mol·cm)。另外，高铁酸根离子在 786nm 处还有一个吸收峰，也是其特征吸收峰。高铁酸盐中最重要的化合物为高铁酸钾，固态是黑紫色粉末，极易溶于水，熔点198℃。高铁酸盐在干燥条件下，230℃开始分解。

高铁酸盐是无机强氧化剂，图1-2所示为高铁酸盐不同pH条件下的氧化还原电位。其标准电极电位在酸性条件下为$\varphi^{\ominus}=2.20\text{V}$，碱性条件下为$\varphi^{\ominus}=0.70\text{V}$，具有优良的氧化性。

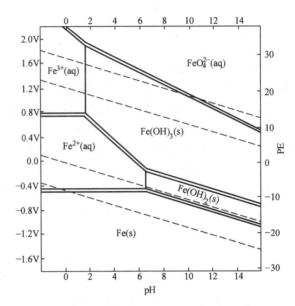

图1-2 高铁酸盐的氧化还原电位（1mol/L）

1.2 测定方法

高铁酸盐的测定包括吸光度法、滴定法和电流法等。

1.2.1 砷酸盐法

砷酸盐法的原理是，向高铁酸盐的碱性溶液中加入过量的砷酸盐，高铁酸盐被还原生成水合氢氧化铁，过量的砷酸盐用溴酸盐或者铈酸盐溶液滴定。以甲基橙作指示剂，电极使用铂电极和甘汞电极。其反应如式（1-1）所示：

$$2\text{FeO}_4^{2-}+3\text{AsO}_3^{3-}+11\text{H}_2\text{O}\longrightarrow 2\text{Fe(OH)}_3(\text{H}_2\text{O})_3+3\text{AsO}_4^{3-}+4\text{OH}^- \tag{1-1}$$

滴定过程中，配合dE/dV滴定曲线找出滴定终点。

1.2.2 铬酸盐法

铬酸盐法的原理是,在浓碱性溶液中,过量的三价铬盐被高铁酸盐氧化为铬酸盐,生成的铬酸盐经酸化后转化为重铬酸盐,以二价铁滴定。其反应如式(1-2)所示:

$$Cr(OH)_4^- + FeO_4^{2-} + H_2O \longrightarrow Fe(OH)_3(H_2O)_4 + CrO_4^{2-} + OH^- \tag{1-2}$$

此方法同时适用于定量分析高铁酸盐固体含量和溶液浓度。

1.2.3 循环伏安法

利用铁电极测定高铁酸盐在浓碱性溶液中的循环伏安曲线,测定高铁酸盐浓度。依据是高铁酸根的还原峰电流密度与高铁酸盐溶液浓度成比例。电极形状和电解液浓度对高铁酸盐溶液的循环伏安曲线出峰位置无影响,可靠性较高。循环伏安法灵敏度高,最低检出限为 2.5×10^{-6} mol/L。

1.2.4 分光光度法

高铁酸盐的特征吸收峰在 505nm 处,根据溶液的吸光度值和摩尔吸光系数可以方便地计算浓度。该方法的测量精度可达 mg/L 级,能够满足工程应用和实验室分析要求,尤其适用于高铁酸盐溶液样品的不定时分析。但应注意的是,由于分析仪器的差异,文献中报道的摩尔吸光

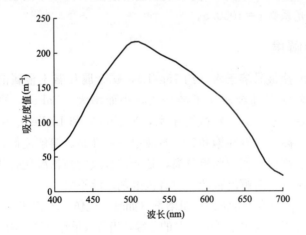

图 1-3 Fe(Ⅵ)吸收光谱图

系数有较大差别。使用此方法需要建立使用条件下的回归方程,计算摩尔吸光系数。若高铁酸盐溶液中存在氢氧化铁胶体可能影响测定。

图 1-3 为高铁酸钾溶液的吸收光谱。测定条件:高铁酸盐溶液浓度 $2×10^{-4}$ mol/L、pH=7、室温 22℃、1cm 石英比色皿。

用原子吸收分光光度法测定系列高铁酸盐溶液浓度,与它们在 505nm 处的吸光度值做工作曲线,见图 1-4。测定条件同上。

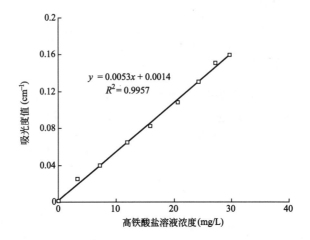

图 1-4　高铁酸盐分光光度法测定工作曲线

拟合的回归方程为:$A=0.00532C+0.0014$。则高铁酸盐溶液浓度 $C=188A-0.263$,其中 A 为高铁酸盐溶液在 505nm 下的吸光度值。计算摩尔吸光系数 $\varepsilon=1050.5$。

1.3　溶解度

高铁酸盐极易溶于水(约 15g/L),碱金属和碱土金属的高铁酸盐在水中的溶解度随金属离子半径的减小而增大。$BaFeO_4$ 的溶解度最低,Cs_2FeO_4 和 $CaFeO_4$ 微溶于水,Na_2FeO_4 和 Li_2FeO_4 在水中的溶解度最大。高铁酸钾在饱和碱性溶液中稳定性高、溶解度低,容易通过碱性氧化法制得和实现固液分离,是最常合成的高铁酸化合物。高铁酸盐在非水溶剂中溶解度很低,对有机溶剂广泛不溶。

高铁酸钾不溶于通常的有机溶剂(如醚、氯仿、苯和其他一些有机溶剂)。它也不溶于含水量低于 20% 的乙醇,当含水量超过这个限度,它可迅速地将乙醇氧化成相应的醛和酮。这也是高铁酸盐提纯工艺的基础。

高铁酸根在苛性钠溶液中的溶解度大于苛性钾溶液。可用氢氧化钾将高铁酸盐从苛性钠溶液中沉淀出来，制备高铁酸盐固体。

1.4 稳定性

高铁酸钾的干燥晶体在环境温度下相当稳定。在水溶液中，高铁酸根的 4 个氧原子与水分子中的氧原子缓慢地进行交换，释放出氧气，发生自分解。溶解后，高铁酸根与水分子结合发生质子化。图 1-5 所示为高铁酸根的质子化过程。

FeO_4^{2-}　　$FeO_3(OH)^-$　　$FeO_2(OH)_2$

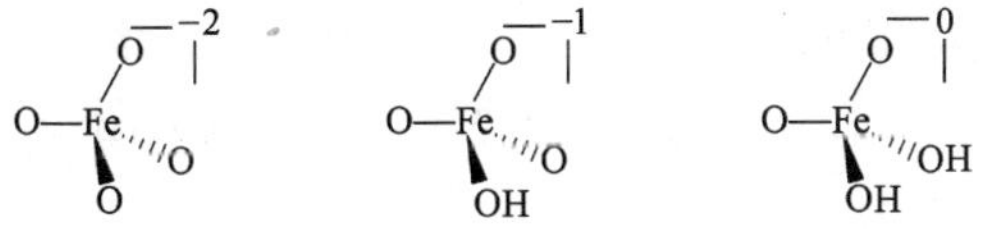

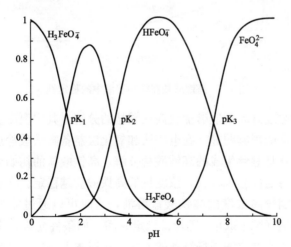

图 1-5　高铁酸根的质子化

三种质子化形态在整个 pH 范围内存在，如图 1-6 所示。在酸性条件下，H_2FeO_4、$HFeO_4^-$ 比较活泼，易分解。碱性条件下，Fe(Ⅵ) 主要以 FeO_4^{2-} 形式存在。

图 1-6　Fe（Ⅵ）在溶液中的形态

$$H_3FeO_4^+ \longleftrightarrow H^+ + H_2FeO_4 \quad pK_1 = 1.6 \pm 0.2 \tag{1-3}$$

$$H_2FeO_4 \longleftrightarrow H^+ + HFeO_4^- \quad pK_2 = 3.5 \tag{1-4}$$

$$HFeO_4^- \longleftrightarrow H^+ + FeO_4^{2-} \qquad pK_3 = 7.3 \pm 0.1 \qquad (1\text{-}5)$$

影响高铁酸盐在溶液中稳定性的因素包括环境温度、酸碱度、高铁酸盐初始浓度、溶液中的各类离子等。水的酸碱度是影响高铁酸钾稳定性的最重要因素。高铁酸根在酸性条件下迅速分解，在碱性条件下比较稳定。高铁酸根在水中的分解方程如式（1-6）～式（1-8）所示：

$$FeO_4^{2-} + 8H^+ + 3e \longrightarrow Fe^{3+} + 4H_2O \qquad (酸性) \qquad (1\text{-}6)$$

$$FeO_4^{2-} + 4H_2O + 3e \longrightarrow Fe(OH)_3 + 5OH^- \qquad (碱性) \qquad (1\text{-}7)$$

$$2FeO_4^{2-} + 3H_2O \longrightarrow 2FeO(OH) + 3/2O_2 + 4OH^- \qquad (中性) \qquad (1\text{-}8)$$

碱性条件下，在 pH=9.4～9.7 的溶液和浓碱溶液中（>3mol/L），高铁酸根较稳定。不同 pH 对高铁酸盐稳定性影响见图 1-7。

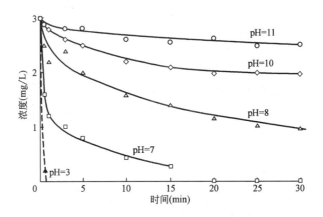

图 1-7　高铁酸盐在缓冲溶液中的稳定性

温度和浓度升高都能够加快高铁酸盐的分解。其中温度变化对高铁酸盐分解速度的影响明显。在电解法和氧化法制备高铁酸盐过程中要保持相对低温就是避免生成的高铁酸盐分解。高铁酸盐的初始浓度对高铁酸根离子的稳定性影响较大，浓度越低高铁酸盐越稳定。在水处理应用中常需要配制较高浓度的高铁酸盐溶液，这时可以通过添加一些稳定剂，如硅酸钠（Na_2SiO_4）等延长稳定时间。如条件允许，宜采用干投高铁酸盐固体或电解法现场制备的方式，从根本上解决高铁酸盐易分解的问题。

各类离子对高铁酸根的稳定性影响差异较大。Fe（Ⅲ）和高铁酸根分解后产生的水合氢氧化铁会加快高铁酸根的分解。因此，化学法合成高铁酸盐过程中要尽量缩短反应时间，否则反应体系中的三价铁会催化分解新生成的高铁酸盐。电解法制备高铁酸盐工艺中，高铁酸盐分解生成的氢氧化铁沉淀是导致该方法产率不高的一个重要原因。其他阴离子如磷酸根（PO_4^{3-}）、硼酸根（BO_3^{3-}）、硫酸根（SO_4^{2-}）均能使高铁酸盐分解加速，但在碱性条件下磷酸根（PO_4^{3-}）使高铁酸根趋于稳定。硝酸根（NO_3^-）对其稳定性影响不大。

1.5 高铁酸钾的制备

迄今为止，人们在实验室已经成功合成了多种高铁酸盐。理论上，高铁酸根能够与多种阳离子形成盐，也可与 SO_4^{2-}、SiO_4^{2-} 等相似 M-O 结构酸根等形成 M（Fe，X）O_4 形式的复合盐。但由于有些高铁酸盐的稳定性极低，制备和储存条件苛刻，实际上制备出有实用意义的高铁酸盐种类并不多，多数情况下合成高铁酸钾或高铁酸钠。一般固体生产高铁酸钾，因为高铁酸钠在碱溶液中的溶解度大，多制备高铁酸盐溶液。高铁酸盐的制备工艺可以分为熔融法、电解法和次氯酸盐氧化法三类。

1.5.1 熔融法

熔融法又称干法，其制备高铁酸盐的原理是将反应物置于熔融状态下以制备高铁酸盐，避免在水溶液中制备高铁酸盐时由于高铁酸盐自分解造成的损失。干法制备高铁酸盐包括两大类方法：

第一种是利用 KNO_3 或 KNO_2 与碱金属在高温熔融状态下氧化单质铁或氧化铁制备。举例来说，可以在贫氧条件下将单质铁、硝酸钾与碱金属氢氧化物的颗粒状混合物置于高温下制得高铁酸盐；也可将碱金属硝酸盐或碱金属亚硝酸盐与 Fe_2O_3、Fe_3O_4 等铁氧化物混合，将反应物加热至 780～1100℃制得高铁酸盐。升温过程、反应物摩尔比及投料顺序是影响干法产品收率和纯度的关键因素。

第二种利用过氧化物在碱性高温条件下氧化铁盐或铁的氧化物制备高铁酸盐。过氧化物可选用过氧化钠或过氧化钾。以 Na_2O_2 与 $FeSO_4$ 为例，将 Na_2O_2、$FeSO_4$ 在密闭、干燥的环境中混合，加热到 700℃反应 1h，得到含 Na_2FeO_4 的粉末。反应产物用 NaOH 溶解，过滤除去不溶物。向滤液中加入 KOH 固体至饱和，过滤获得高铁酸盐晶体。

其反应机理可能是是经烧结后的反应产物是生成了四价铁的铁酸

盐,溶于水后发生歧化反应生成了六价的高铁酸盐及三价铁的水合氧化物。也可能是在熔融反应时直接生成了 Na_2FeO_4。如下式所示:

$$3Na_2FeO_3 + 5H_2O \longrightarrow 2Fe(OH)_3 + Na_2FeO_4 + 4NaOH \quad (1-9)$$

$$2FeSO_4 + 6Na_2O_2 \longrightarrow 2Na_2FeO_4 + 2Na_2O + 2Na_2SO_4 + O_2 \quad (1-10)$$

熔融法的产品批量大、设备利用率高、转化率较高。虽然干法避免了水造成高铁酸盐分解损失,但是由于反应在高温状态下进行,熔融状态下高铁酸盐的自分解造成的损失也很严重。由于反应在一个容器中进行,没有反应物分离及纯化过程,因此对反应物的纯度要求较高。剩余反应物和反应产物,如碱金属、无机盐、氧化钠等在反应完成后仍然残留在产物中。如要求纯度高的产品,需要提纯工艺。熔融法需要高温、高压及贫氧等条件,所需的外部大型附属设备,如加热、加压、抽真空设备等较多,较难实现工业生产。

1.5.2 电解法

电解氧化法制备高铁酸钾的原理是通过电解过程在阳极上发生氧化反应,使铁或铁离子氧化成高铁酸根,再以此为前驱物制备高铁酸钾等盐类。一般利用膜式电解池,采用离子交换膜,阳极为铁或氧化铁,阴极为铂等惰性材料。电解过程通常在强碱性介质中进行,也可以在阴极池中充入 NaOH 溶液,阳极池中充入 NaCl 和三价铁盐,通过电解三价铁制备高铁酸盐溶液。离子交换膜的作用是阻止生成的高铁酸盐渗透到阴极室发生还原反应而分解。电解法制备高铁酸盐的装置如图 1-8 所示。

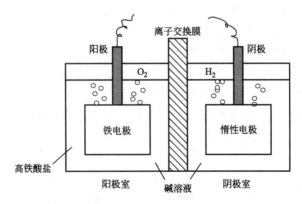

图 1-8 电解法制备高铁酸盐

电极反应如下：

(1) 阳极反应：$Fe^{3+} + 8OH^- \longrightarrow FeO_4^{2-} + 4H_2O + 6e$ (1-11a)

或 $Fe + 8OH^- \longrightarrow FeO_4^{2-} + 4H_2O + 3e$ (1-11b)

(2) 阴极反应：$2H_2O + 2e \longrightarrow H_2 + 2OH^-$ (1-12)

(3) 总反应：$2Fe^{3+} + 10OH^- \longrightarrow FeO_4^{2-} + 2H_2O + 3H_2$ (1-13a)

或 $Fe + 2H_2O + 2OH^- \longrightarrow FeO_4^{2-} + 3H_2$ (1-13b)

从阳极反应可以看出，生成高铁酸盐的同时消耗 OH^- 离子。在阴极室则生成 H_2 的同时产生 OH^- 离子。阴极室产生的 OH^- 离子通过离子交换膜扩散至阳极室，可以补充阳极的消耗，保证电解过程持续进行。电解液可采用 NaOH 或 KOH 溶液，浓度在 14～16mol/L 之间。适当升温有利于电解反应进行，考虑到高铁酸盐易分解，温度不宜高于 30℃。阴极产生的 H_2 可以还原高铁酸盐，而且气泡附着在阴极表面，降低有效电极面积，必要时用 N_2 吹脱阴极室产生的 H_2。

电解法制备高铁酸盐是以电能转化为化学能获得产物的过程，保证较高的电流效率是该方法的首要条件。影响电流效率的主要因素有电极的组成和结构、电解液成分和浓度、电流密度、电解池温度等等。一般可采用纯铁、铸铁、钢、磁铁矿等作为阳极材料，它们的电解效率从 20% 到 70% 不等。阳极结构是控制产率的重要因素之一，面积过小则反应初期高铁酸盐生成速度慢。增大阳极面积，则在相同条件下高铁酸盐生成速度提高，电流效率增加。研究表明，阳极材料的多孔性结构可促进电解过程中阳极铁的溶出，削弱阳极钝化作用，提高电流效率。

一种电解法制备条件如下：

(1) 阳极电解液：NaOH=60%、NaCl=1.0%、Fe^{3+}=10%；

(2) 阴极电解液：NaOH=55%；

(3) 电流密度：300A/m²

(4) 电压：1.2V

(5) 温度：30℃

电解法存在两个明显的缺点：(1) 电解过程中，因铁阳极上有难溶、不导电的 Fe_2O_3/Fe_3O_4 双分子膜形成，使电极钝化，Fe 溶出速率变慢，影响高铁酸盐的生成；(2) 阳极上发生高铁酸盐被还原放出 O_2 的副反应，影响产率。由于阳极钝化和高铁酸盐的分解等原因，电解法一般只能得到浓度低于 0.1mol/L 的高铁酸盐溶液，必须经过结晶、提纯等工艺才能获得有应用价值的产品。然而，目前尚无适宜的方法对高铁酸盐稀溶液进行浓缩,所以电解法还远不能满足实现工业化生产高铁酸盐的要求。

由于电解法具有设备系统性好、原材料消耗少、灵活方便等特点,似乎更适合现场制备和投加的工艺过程。如何有效提高反应速率和电流效率是电解法制备高铁酸盐发展的关键问题。

1.5.3 次氯酸盐氧化法

1. 基本原理

次氯酸盐氧化法又称为湿法,其制备高铁酸盐的基本原理是利用次氯酸盐在浓碱溶液中氧化三价铁生成高铁酸盐。在碱性条件尤其是强碱性条件下,高铁酸根的氧化还原电位最低,易于氧化反应进行。在此条件下高铁酸盐最稳定,可以保证获得最大铁转化率。反应过程为:

$$2Fe^{3+} + 3ClO^- + 10OH^- \longrightarrow 2FeO_4^{2-} + 3Cl^- + 5H_2O \quad (1-14)$$

2. 工艺流程

实验室合成高铁酸钾的主要步骤包括:(1) 在冷却状态下,向浓碱溶液中通入氯气,制备饱和的次氯酸盐溶液,过滤去除结晶沉淀后备用。(2) 在冷却条件下,按比例将三价铁原料与次氯酸盐溶液完全混合,持续搅拌和保持低温(一般低于35℃),待反应完全后即获得高铁酸盐溶液或结晶和溶液的混合物。(3) 固液分离(也可进一步纯化),经干燥获得高铁酸钾固体。基本工艺如图1-9所示:

图1-9 高铁酸钾合成的工艺流程

纯化处理包括重结晶、有机物洗涤纯化、真空干燥等步骤。高铁酸钾沉淀首先用KOH溶液溶解,再加入KOH至饱和,冷却析出K_2FeO_4晶体,固液分离。高铁酸钾固体先用苯洗涤去除水分,再用95%乙醇洗涤去除碱,最后用乙醚洗涤去除水和乙醇。有机物洗涤后干燥挥发残留有机物即得到98%以上纯度的高铁酸盐晶体。

相对前面的两种制备方法来说,次氯酸盐法生产成本较低,设备投资少,可制得较高纯度的高铁酸钾晶体。虽然合成步骤较多,工艺复杂一些,但从一种化学品工业合成的角度来看,次氯酸盐氧化法工艺技术路线清晰，制备条件容易达到，铁转化率高，是一种很有工业化前途的制备工艺。次氯酸盐氧化法制备高铁酸盐的转化率一般在30%～50%，产品纯度可以在50%以上，经提纯后可获得纯度98%以上的高铁酸钾晶体。

3. 反应原料

碱可以选用NaOH或KOH，也可采用两者混合溶液。采用KOH的合成方法可以通过氧化反应一次合成高铁酸钾沉淀，固液分离干燥即得高铁酸钾固体。由于反应中生成的KCl等杂质与高铁酸钾一起结晶沉淀，所以制得的高铁酸钾固体含有一定量的无机盐。采用NaOH主要目的是制备更高纯度的高铁酸钾成品。其依据是：高铁酸钠（Na_2FeO_4）在NaOH浓溶液中的溶解度大于高铁酸钾（K_2FeO_4）在KOH浓溶液中的溶解度，而NaCl和KCl等副产物在浓碱溶液中的溶解度较小。因此，次氯酸盐氧化法一般在NaOH浓溶液中实现三价铁的氧化过程，生成高铁酸钠溶液，同时生成的NaCl或KCl因结晶析出而被去除，这样可以得到杂质含量较低的高铁酸钠溶液。然后向高铁酸钠溶液中加入KOH，可使高铁酸钠转化为高铁酸钾，分离沉淀得到高铁酸钾固体。

采用NaOH虽然可以获得高纯度的高铁酸盐固体，但增加的合成步骤提高了工艺复杂度。溶解KOH的过程大量放热，也提高了高铁酸盐损失的风险。在水处理工艺中，高铁酸盐一般与其他物化处理药剂联用，此时高铁酸盐的投量很低，1～5mg/L即可以达到良好的处理效果。直接氧化法制备的高铁酸盐纯度已经能够满足水处理药剂的要求，并不影响其使用效果。高铁酸盐固体中含有的无机盐等杂质并不会对处理效果产生大的影响，也不会影响出水水质。

铁原料可以选择硝酸铁、氯化铁、氢氧化铁等。铁盐可直接使用，氢氧化铁需要另外制备。几种原料铁的氧化反应如式（1-15）～式（1-20）：

（1）硝酸铁：

$$2Fe(NO_3)_3 + 3KClO + 10KOH \longrightarrow 2K_2FeO_4 + 6KNO_3 + 3KCl + 5H_2O \quad (1\text{-}15)$$

（2）硝酸铁：

$$Fe(NO_3)_3 + 3NaOH \longrightarrow Fe(OH)_3 + 3NaNO_3 \quad (1\text{-}16)$$

$$2Fe(OH)_3 + 3NaClO + 4NaOH \longrightarrow 2Na_2FeO_4 + 3NaCl + 5H_2O \quad (1\text{-}17)$$

$$2Fe(NO_3)_3 + 3NaClO + 10NaOH \longrightarrow$$
$$2Na_2FeO_4 + 6NaNO_3 + 3NaCl + 5H_2O \tag{1-18}$$
$$Na_2FeO_4 + 2KOH \longrightarrow K_2FeO_4 + 2NaOH \tag{1-19}$$

（3）氢氧化铁：

$$2Fe(OH)_3 + 3KClO + 4KOH \longrightarrow 2K_2FeO_4 + 3KCl + 5H_2O \tag{1-20}$$

有研究证明，硝酸铁的转化率高于氯化铁。氯化铁的氧化过程同硝酸铁类似，因此不再列出。从上面的反应方程式可以看出，采用铁盐为原料在氧化反应中消耗较多量的碱，导致在氧化过程中体系的碱溶液浓度降低，降低产率。铁盐与 NaOH 或 KOH 在反应中生成氢氧化铁，这个反应是放热反应，容易造成生成的高铁酸盐分解，也影响主反应的顺利进行。另外，硝酸铁 $[Fe(NO_3)_3 \cdot 9H_2O]$ 和氯化铁（$FeCl_3 \cdot 6H_2O$）均含有结晶水，降低了反应体系反应物浓度，单质导致氧化反应不完全。采用氢氧化铁为原料可以消减铁盐的副作用。

4. 工艺条件

影响高铁酸盐产率的主要因素有次氯酸根（OCl^-）浓度、碱浓度、反应体系中次氯酸盐与原料铁的摩尔比、原料铁种类和浓度、反应温度、反应时间等。次氯酸根浓度是首要条件，浓度越高则反应体系的氧化性越强，能够保证反应充分进行，提高高铁酸盐产率。因此，在反应初期保证较高的次氯酸盐浓度是关键。

次氯酸与原料铁的摩尔比影响氧化反应速度。摩尔比过高，则反应完成后次氯酸剩余较多，造成不必要浪费；摩尔比过低，则氧化进行缓慢，三价铁过剩，促使生成的高铁酸盐分解加速，同样降低产率。一般将次氯酸与铁的摩尔比控制在 1.5:1 左右。

温度是影响反应速度和高铁酸盐产品稳定的控制因素。随着温度的升高，体系中的氧化反应加快，制备效率提高。但是，因为氧化三价铁生成高铁酸盐的过程是放热反应，温度过高不利反应进行，同时可能导致次氯酸盐损失和新生成的高铁酸盐分解，体系温度高于 40℃ 则高铁酸盐分解加快。反之，体系的温度过低则反应速度慢，反应进行不完全，也会影响产率。因此，次氯酸根氧化原料铁生成高铁酸盐的最后一步反应过程应控制温度在 20~30℃ 之间。

反应所需时间由反应速度决定，因此也可以通过温度控制反应时间。有研究者认为，一般要保持反应 6h 以上才能保证氧化进行完全。实际上，反应初期，产率提高较快，随着反应进行，原料浓度逐步降低，产率也随之降低。若假定反应总需时 6h，则 2～6h 内产率提高不大。如果控制温度在 20～30℃ 之间，则可以认为氧化步骤在 1.5～2h 内基本完成，即所有原料铁全部被转化为高铁酸。也有人认为，延长反应时间新生成的高铁酸可能分解而导致产率下降。

综上所述，次氯酸盐氧化法制备高铁酸盐氧化反应的最优条件为：

(1) 反应温度：20～30℃；
(2) 反应时间：1.5～2h；
(3) 次氯酸盐浓度：>8mol/L；
(4) 碱溶液浓度：>40%（W/W）；
(5) 铁盐浓度：40%～50%（W/W）；
(6) OCl^- 与 Fe 摩尔比：1.5:1。

5. 工艺实例

次氯酸盐氧化法虽然在溶液中完成，但整个反应体系为浓碱溶液，向体系中引入水将直接导致高铁酸盐产率下降。另外，次氯酸盐和高铁酸盐均对热敏感，反应体系温度过高容易造成次氯酸盐和生成的高铁酸盐分解。因此，为提高高铁酸盐产率和反应速率，应该尽量减少氧化反应过程中的副反应和降低原料含水率。

下面介绍一例改进的高铁酸盐的制备方法，其特点是采用硫酸亚铁为初始反应物，降低了制备成本。通过氧化改性制备 $\beta\text{-}Fe_2O_3 \cdot H_2O$ 作为铁原料，有效降低原料含水率，避免在最终的合成反应过程中产生副反应和放热。另外，$\beta\text{-}Fe_2O_3 \cdot H_2O$ 反应活性高，容易被次氯酸盐氧化。工艺流程如图 1-10 所示：

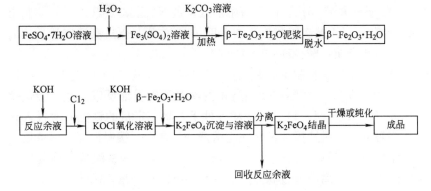

图 1-10 改进的高铁酸盐的制备流程

反应过程如下所示：

$$2Fe^{2+} + 2H^+ + H_2O_2 \longrightarrow 2Fe^{3+} + 2H_2O \qquad (1\text{-}21)$$

$$2Fe^{3+} + 6OH^- \longrightarrow Fe_2O_3 \cdot H_2O + 2H_2O \qquad (1\text{-}22)$$

$$2Fe^{3+} + H_2O + 3CO_3^{2-} \longrightarrow Fe_2O_3 \cdot H_2O + 3CO_2 \qquad (1\text{-}23)$$

$$Fe_2O_3 \cdot H_2O + 3ClO^- + 4OH^- \longrightarrow 2FeO_4^{2-} + 3Cl^- + 3H_2O \qquad (1\text{-}24)$$

总反应分三步完成：

(1) 第一步准备铁原料。首先配制浓度为 40%～50% 的硫酸亚铁溶液，45%～50% 的碳酸钾溶液（质量体积比）。若硫酸亚铁纯度不高，可以向溶液中加入少量浓盐酸（<1%）溶解杂质。向碳酸钾溶液中添加少量磷酸钾（<1%），目的是络合原料中的金属杂质，络合物可以在脱水过程去除。将硫酸亚铁溶液加热至 30～40℃，搅拌，缓慢加入一定量 30% 的 H_2O_2 溶液。反应完成后，全部二价铁被氧化成三价铁，溶液呈暗红色。将溶液继续升温至 65～80℃，缓慢搅拌，滴入稍过量的碳酸钾溶液。反应过程中有气泡生成，溶液逐渐黏稠并膨胀，继续缓慢搅拌至反应终点，生成红棕色的铁泥。反应完成后自然冷却，铁泥脱水备用。

(2) 第二步准备氧化剂溶液。配制 35% 以上的 KOH 溶液，在冷却条件下缓慢通入氯气，并搅拌。保持溶液温度低于 35℃，温度过高则容易生成氯酸。反应过程中有 KCl 结晶析出，溶液颜色逐步变为黄绿色。至 KOCl 浓度大于 8mol/L 后停止通氯气，过滤除去不溶物。向溶液中溶入 KOH 固体至最终浓度超过 35%，溶解过程要慢并保持温度低于 30℃。完成后再次过滤除去不溶物。此时，KOCl 浓度需大于 15%，KOH 浓度需大于 35%。向溶液中加入少量 KI 固体（<0.1%）即制得氧化剂溶液。KI 被次氯酸氧化物 KIO_4，其作用是促进高铁酸盐晶体的形成，氧化杂质，减少高铁酸盐分解。

(3) 第三步氧化制备高铁酸盐。根据反应方程，OCl^- 与 Fe 的理论摩尔比为 1.5:1，实际中使用过量的次氯酸钾保证反应彻底，最优摩尔比为 (3:1)～(5:1)。在冷却条件下，将一定量的铁泥一次投入到氧化剂溶液中，迅速搅拌使铁泥与溶液均匀混合。缓慢搅拌，保持反应体系温度低于 35℃，反应 1.5～2h 即完成，得到高铁酸盐沉淀与反应余液的混合物。离心或过滤分离后获得高铁酸钾黑紫色固体。反应余液溶入 KOH 可重复使用。高铁酸盐固体可用空气干燥，也可通入一定量

的 CO_2，温度控制在 70~80℃ 之间。CO_2 可将高铁酸盐固体中残留的 KOH 或 NaOH 转化为 K_2CO_3 或 Na_2CO_3，防止高铁酸盐成品吸湿潮解。

1.6 小结

次氯酸盐氧化法制备高铁酸盐已经发展得比较成熟。工艺流程清晰，反应条件易得，容易实现工业化。该方法需要严格控制的反应条件为反应温度、反应物浓度和摩尔比。制得的成品为高铁酸钾结晶和无机盐的混合物，如果用于水处理目的，一般不需要提纯工序。

第 2 章 高铁酸盐氧化去除有机污染物

我国90%以上的城市水域污染严重，近50%的重点城镇水质不符合饮用水源的水质标准。由于恶性水源污染的持续，水质性水荒已经不可避免并呈继续恶化的趋势。对我国七大水系和内陆河流、长江、黄河支流流域、珠江支流、淮河、松花江、辽河、海河等多个水系水质评价的结果表明，受污染水的污染类型85%以上是属于有机污染。

利用氧化方法去除饮用水中的有机污染物是一大类饮用水处理除污染工艺。常用的氧化剂包括臭氧、氯气、二氧化氯、过氧化氢等等。高铁酸盐可以氧化去除天然水中多种微量有机物，对一些典型有机污染物，如酚、醇、含氮有机物、含硫有机物等都有良好的氧化作用。首先简要回顾一下地表水中典型污染物和饮用水处理工艺中常用的强化除污染工艺和技术。

2.1 饮用水强化除污染技术

饮用水中的有机污染物种类繁多，其来源一般可以分为三类：天然有机物、工业废水和生活污水排放引入的人工合成有机物、水处理过程中引入或形成的副产物等等。对于受污染水源，传统的水处理工艺已不能完全满足安全、优质的供水要求。表2-1列出了目前较为成功、或具有较好应用前景的几大类饮用水除污染技术。

常规的水处理工艺对水中的有机污染物有一定的去除作用，但对水中的溶解性有机物去除效果较差，对小分子的有机污染物几乎没有去除作用。因此，寻求常规工艺的优化组合，充分发挥各构筑物的潜力，已受到越来越高度的重视。

氧化法是一类适用面较广的除污染技术，具有运行灵活方便的特点。针对不同源水水质和水处理设施可以运用适合氧化剂，并可以发展与其他水处理工艺的联用技术。在现阶段和较长时期内，氧化法可以作为大多数小城镇水处理厂在水质恶化期的应急措施和日常提高供水水质的首选工艺。表 2-2 简要介绍了几种不同氧化法除污染技术。

饮用水除污染技术　　　　　　　　　　　　　　　　　　　　表 2-1

处理技术	工艺说明	除污染作用	缺点	应用情况及前景
生物预处理	生物滤池、生物转盘、生物接触氧化池、生物流化床和生物活性炭滤池	高锰酸盐指数可除 5%~18%；氨氮可去除 70%~90%；铁、锰、色、嗅、味都有不同程度去除	需较长的成熟期，各种微生物或代谢产物能进入处理后的水	对难降解的优先污染物无效，对 THMs 有少量去除，运行受原水水质、水量、水温变化影响较大
膜法	微孔过滤、超滤、反渗透、电渗析、渗透蒸发、液膜	去除水中胶体、微粒、细菌和腐殖酸等大分子有机物	对低分子量含氧有机物（如丙酮、酚类、酸）几乎无效	基建投资和运行费用高。需要较高水平的预处理和化学清洗，一般适用于集团用水的深度处理
吸附法	以活性炭吸附为主，包括粒状炭和粉末炭两种。其他还包括吸附树脂和硅藻土以及它们的联用技术	活性炭能够有效地去除嗅、色度、氯化有机物、农药、放射性污染物、其他人工合成有机物	对大部分短链含氧有机物，如甲醇、乙醇、甲醛、丙酮、甲酸等不能去除	粒状炭基建投资大，一般与臭氧联用的生物活性炭应用较多，粉末炭使用灵活、方便，但运行费用较高
氧化法	O_3、ClO_2、Cl_2、$KMnO_4$、H_2O_2 及催化氧化技术等	能够部分氧化水中的有机污染物，改变有机物组成和特性，提高物化处理效率	有些氧化剂氧化后也可能产生一些副产物	主要用于给水预处理及深度处理

氧化法除污染技术　　　　　　　　　　　　　　　　　　　　表 2-2

处理技术	工艺说明	除污染作用	缺点	应用情况及前景
预氯化	在常规混凝工艺前投加氯	除藻、除色、控制嗅味、促进混凝	生成消毒副产物	湖泊水、高色度水、难处理地表水
臭氧氧化	可投加在混凝工艺前，或过滤后，也可用于消毒，一般与活性炭组合应用	除色、氧化有机物，提高可生化性	可能生成致突变物质。对三氯甲烷、四氯化碳、多氯联苯等氧化性差	臭氧-活性炭处理技术已经成熟，应用日益广泛
高锰酸钾预氧化	一般用于混凝之前	可一定程度控制色度、嗅味，也有较明显强化混凝作用	需注意投量，过高可能导致出水色度或锰残留	投资省效快，可用于短期水质恶化的控制
二氧化氯	可灵活应用于饮用水处理工艺中	破坏藻类、酚，改善水的色、嗅味等，不产生消毒副产物	氯酸和亚氯酸残留	投资和运行费用较高，但优点突出，应用前景广阔

2.2 高铁酸盐去除地表水中微量有机物

高铁酸盐的氧化作用是去除有机污染的首要功能。如依靠单纯高铁酸盐处理同时实现氧化和絮凝作用，则需要相对较高的高铁酸盐投量，增加制水成本。而且水处理工艺过程中，高投量的高铁酸盐氧化性能未必得到完全发挥，因此单独采用高铁酸盐处理是一种浪费。高铁酸盐用于水处理一般与普通混凝剂联用，即高铁酸盐预氧化工艺。高铁酸盐在完成氧化作用后形成的氢氧化铁被后续混凝、沉淀去除。

本节以松花江地表水为研究对象，报道单纯高铁酸盐氧化、硫酸铝混凝沉淀、高铁酸盐-硫酸铝联用三种工艺去除地表水中有机物的色谱-质谱（GC/MS）结果。为论述方便，本书在三种工艺水处理效果的对比内容中将三种工艺分别定义为高铁酸盐氧化、单纯硫酸铝混凝和高铁酸盐预氧化（预处理）。

试验用水取自松花江流域下游哈尔滨段某取水口。取水时间为春季，即污染较为严重的枯水期。江水取出后经过 12h 自然沉淀，分别转移到几个玻璃容器中，投加 3.5mg/L 高铁酸盐氧化。然后投加硫酸铝混凝、沉淀。

混凝过程：投加 60mg/L 的硫酸铝（$Al_2(SO_4)_3 \cdot 18H_2O$），快速搅拌 1min（200rpm），然后慢速搅拌 10min（60rpm），沉淀 20min。每个水样在富集前经过 500mm 高的石英砂柱过滤。水中有机物的富集是采用虹吸法将经过石英砂柱的水样吸入吸附柱中，柱后用蠕动泵负压抽取，保持流速 80～100mL/min，连续通过 50L 水样后停止富集，待洗脱。

有机物的吸附采用 XAD-2 吸附树脂。采用乙醚、二氯甲烷依次对吸附后树脂进行洗脱。洗脱样浓缩至 1mL，采用 HP-5890/5972 型色-质联用仪检测。GC/MS 工作条件：有机物的分析系采用 HP-5890/5972 型色-质联用仪。用非极性的 HP5MS-30m×0.25mm×0.1μm 的色谱柱进行分离，柱前压 100kPa。升温方式采用在柱温 45℃下保持 1min，然后以 5℃/min 的速率升温至 230℃，保持 5min，再以 5℃/min 的速率升温至 290℃，保持 5min。载气流量（He）：1mL/min。质谱条件：离子源电子轰击温度 140℃，电子轰击能量为 70eV。扫描质量范围：45～550M/Z。进样口温度：250℃，进样量 2μL。

1. 原水有机污染情况

原水水质情况见表 2-3，有机污染物按照官能团分类见表 2-4。

试验用原水水质　　　　表 2-3

指标	浊度(NTU)	温度(℃)	pH	硬度 (mg/L,CaCO$_3$)	碱度 (mg/L,CaCO$_3$)	COD$_{Mn}$ (mg/L)
浓度	230	15	7.2	78.2	107.5	7.6

原水中的有机污染物分布情况表　　　　表 2-4

有机物	数量	含量(%)	有机物	数量	含量(%)
烷烃	8	2.62	醛	3	0.68
不饱和烃	2	0.21	酮	2	0.28
苯系物	21	59.8	有机酸	2	0.87
稠环芳烃	5	0.75	酯	14	19.43
醇	5	3.74	杂环化合物	4	1.12
酚	1	0.20	含氮化合物	5	3.59
醚	2	0.52	有机硅化合物	10	6.18

注：原水中有机物总数量 84 种，总浓度 116476841（色谱峰面积总和）。

官能团是有机物分子中比较活泼而易于发生反应的原子或原子团，常决定着化合物的主要性质，含有相同官能团的化合物具有相似的性质，氧化剂对有机物的氧化作用也常在官能团上发生。按官能团共分为烷烃、不饱和烃、苯系物、稠环芳烃、醇、酚、醚、醛、酮、酸、酯、杂环化合物、含氮化合物、有机硅化合物等共 14 类。共在水样中检出 84 种有机污染物，其中苯、甲苯、硝基苯、萘、酞酸酯、莠去津等多种有机物为我国优先控制污染物。有机硅化合物是色谱分离柱担体析出物所致。

检出的 8 种烷烃类有机物主要是长链烷烃，如十九烷、二十一烷及一种脂肪烷烃［1-甲基-3-(1-甲基乙叉)-环己烷］。另检出 2 种烯烃，但是浓度不高。烷烃的天然来源主要是石油和天然气。石油的主要成分是烷烃、环烷烃和芳香烃，天然气的主要成分是低分子量的烷烃。天然的烷烃可能通过地面径流而带入到水体中。有机化学工业大量采用烷烃类有机物做有机溶剂，烷烃类有机物可能有多种途径流失到环境中，造成水体污染。油田的二次采油中产生的大量含油废水，炼油厂中油的运输、储存和洗涤废水，以及加工、机械等行业中润滑油的泄漏、清洗废水，煤和煤焦油加工过程中产生的含油废水等，均会对环境造成严重的威胁，并可能引起水体中的烷烃类物质浓度升高。随着对表面活性剂、润滑油添加剂、合成润滑油和增塑剂等需要的增长，烯烃类有机物向环境中的流失也越来越严重。

原水中检出苯系物 21 种，浓度较高，占总有机污染物含量的 59.8%，是该段江水中最主要的污染物质。苯及其同系物主要存在于低沸点的煤焦油中，由于它们是塑料、纤维和橡胶三大合成材料的主要原料，因而它们的需求量很大。另外，在以生产乙烯为目的的石油裂解过程中，也有一定量的苯系物生成。随着工业的发展，生产乙烯的石油裂解工厂较多，规模增大，同时产生大量的苯系物副产物，并成为苯系物的重要来源之一。苯及其同系物是环境中的主要污染物质，苯、甲苯、乙苯、邻二甲苯、间二甲苯和对甲苯等被列为我国优先控制的污染物。

醇、醛、酮、酸的有机物均有检出，但数量较少，含量也较低。不少醇类有机物来自天然产物或由天然产物加工制得，常见的醇类有机物除甲醇外一般毒性较低。酮类、醛类有机物被广泛用于化学工业和其他工业领域，它们不少对水生生物具有毒害作用，有的会使水质带有特殊的刺激性嗅味。酸类有机物是许多精细化工产品的原料，或作为反应溶剂。

原水检出酚类物质 1 种，醚类物质 2 种，含量较低。酚类为合成纤维、塑料、医药、农药、染料等化工产品的重要原料，水体中的酚类物质在氯化消毒过程中可能产生有刺激气味的氯酚，从而影响饮用水水质。醚类是较不活泼的有机化合物，重要的醚类如乙醚主要用做有机溶剂。

酯类有机物共检出 14 种，含量占总含量的 19.4%，是该段江水中第二类主要污染物。其中含有两种酞酸酯，二乙基酞酸酯和双（2-乙基己基）酞酸酯，我国的水中优先控制污染物黑名单中包括三种酞酸酯。酯类有机物在工业中应用广泛，是许多精细化工产品的原料，或作为反应溶剂使用。酯类化合物的危害已经开始受到重视。

原水中杂环化合物主要为呋喃，吲哚等，含氮化合物主要为胺类有机物，这些有机物数量较少，浓度不高。但在原水中检出莠去津，占有机物总量的 1%，莠去津是一种农药，不易被生物降解，毒性较大。杂环化合物的种类很多，分布广泛，是合成药物、染料、塑料和合成纤维的重要原料。

综合检测结果,该段江水受到较严重的有机污染。污染物主要是苯类化合物,其次为酯类化合物。

2. 有机物去除率

去除效果对比以各种有机污染物相对于原水中浓度的去除效率表示,见表2-5。单纯高铁酸盐氧化对水中的有机污染物有一定的去除作用,有机物数量减少4种,浓度去除7.5%。从统计数据可以看出,高铁酸盐氧化可以将原水中的醛、酸完全去除,对含氮化合物也有较好的去除效果,对于原水中数量最多、浓度最高的苯系物可以去除34.3%;对酚、醚等类有机物也有一定的去除作用。但是对其他有机污染物(如烷烃、不饱和烃、醇、酯、杂环化合物等)几乎没有什么效果。酮、烷烃的数量也有一定程度的增加,可能来源于部分氧化产物。

水中有机污染物的去除效果对比　　　　表2-5

有机物	高铁酸盐氧化		单纯硫酸铝混凝		高铁酸盐预氧化硫酸铝混凝联用	
	种类减少	去除率(%)	种类减少	去除率(%)	种类减少	去除率(%)
烷烃	—	—	5	44.3	5	83.7
不饱和烃	0	—	0	—	0	18.4
苯系物	3	34.3	9	87.6	8	94.4
稠环芳烃	1	—	4	80.2	2	49.1
醇	0	—	1	—	2	83.6
酚	0	11.3	1	100	0	77.3
醚	0	1.6	2	100	2	100
醛	3	100	1	—	1	3.3
酮	—	—	—	—	—	—
酸	2	100	1	—	1	44.2
酯	3	—	3	—	2	11.1
杂环化合物	0	—	—	—	—	—
含氮化合物	0	55.9	—	—	—	53.5
总计	4	7.5	12	15.25	13	64.2

注:"—"表示无处理效果。

单纯硫酸铝混凝沉淀对水中的有机污染物去除情况与高铁酸盐氧化的结果不同,硫酸铝混凝沉淀使水中有机污染物数量减少12种,浓度降低15.3%,去除率高于单纯高铁酸盐氧化。硫酸铝混凝可以完全去除水中的酚类、醚类等有机物。对苯系物、稠环芳烃的去除率较高，分别为 87.6% 和 80.2%，对烷烃也有良好的去除作用，去除率 44.3%。但是，对于水中的其他种类有机污染物则没有去除效果。有资料表明，传统的水处理工艺能够去除分子量相对较高的有机物。从试验数据来看，硫酸铝混凝沉淀甚至使水中的酮类、杂环化合物、含氮化合物数量大大增加，尤其是杂环化合物的数量增加 13 种。硫酸铝在混凝过程中也可能会使水中的有机污染物发生结构上的变化，导致新的有机物生成。从对水中有机物总量的去除率上看，单纯的硫酸铝混凝沉淀只能去除水中有机物总量的 15.3%。

高铁酸盐预氧化后用硫酸铝混凝、沉淀的处理工艺对水中有机污染物有良好的去除作用。从表中可以看出，高铁酸盐预氧化后用硫酸铝混凝使水中有机物数量减少 13 种，浓度降低 64.2%，大大地提高了单纯硫酸铝对水中有机污染物的去除效率。高铁酸盐预氧化对水中的多种有机物都有明显的去除效果，其中醚类被完全去除，苯系物去除率达到 94.4%，醇类和酚类去除率分别为 83.6% 和 77.3%，烷烃等去除 83.7%。对不饱和烃、稠环芳烃、酸、含氮化合物也有良好的去除效果。仅有酮类、杂环化合物数量和浓度有所升高，但幅度不大。

综合上面结果，高铁酸盐对水中的大部分有机污染物具有氧化去除作用，但使部分有机污染物的浓度和数量都有一定的变化。由于原水中有机污染物种类繁多，高铁酸盐在水中可能与它们发生复杂的氧化还原反应，同时被氧化的有机物之间也可能发生某些缩聚反应，从而导致氧化后水中有机物分布发生了变化。同样，单纯硫酸铝混凝也会使水中有机物的分布发生变化，在混凝过程中铝盐水解产物会吸附共沉一些大分子的天然有机物，因为铝盐具有一定的催化作用，可能会促使这些天然大分子有机物发生结构、性质等方面的变化而生成一些微量的有机物。这些微量有机物溶解在水中，并可能被富集出来。

高铁酸盐预氧化拓宽了混凝过程对水中有机污染物的去除种类，大大提高了混凝过程去除有机污染物的能力。其对多种有机污染物的有效去除，使之能够成为一种简单高效的去除有机微污染物手段。应该注意的是，虽然从 GC/MS 结果分析，高铁酸盐预处理除有机物效果较好。但因为 GC 分离柱只能检出水中分子量相当较低的有机物，高铁酸盐预氧化对 TOC 和 COD 等指标的作用并不很显著，处理效果主要受有机物组成和含量等因素的影响。

3. 有机物分子量分布变化

试验中采用非极性色谱柱进行分离，因而有机污染物出峰顺序大致与其分子量和沸点由低到高排列的顺序一致，即保留时间长的色谱峰代表的有机物分子量较大、沸点较高。为进一步分析试验中的处理方法对水中有机物分布的影响，将各个水样的每种有机污染物的保留时间进行统计。

图 2-1 为不同保留时间内出峰情况对比，GC/MS 测定中采样时间为 60min，以各个保留时间内的色谱峰数量占总色谱峰数的百分比表示。从图 2-1（a）可见，高铁酸盐氧化后，水中有机物的分布情况较原水有了很大的变化。高铁酸盐氧化后保留时间在 30～60min 内的峰

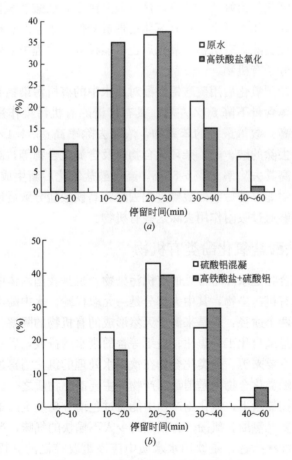

图 2-1 不同保留时间内出峰情况对比

减少8个，同时保留时间在30min之内的峰增加8个，总数减少4个。说明高铁酸盐氧化可能使水中的大分子有机污染物发生断链或者被氧化破环，生成分子量相对较小，沸点较低的有机物，导致水中有机物分布发生变化。硫酸铝混凝对各保留时间内出峰情况影响不大。但从前面的分析可以发现，混凝处理后水中有机物种类与原水中有机物种类也有很大差别。

图 2-1（b）为高铁酸盐预氧化与单纯硫酸铝混凝两种情况下水中有机物分布的对比图，高铁酸盐预氧化使 10～30min 内的色谱峰减少 6 个，30～60min 内的色谱峰增加 5 个，总数减少 1 个。高铁酸盐预氧化后小分子量、低沸点的有机物数量低于单纯硫酸铝混凝，这种情况与单纯高铁酸盐氧化的出峰情况相反，这可能是由于高铁酸盐氧化分解后形成的氢氧化铁胶体能够吸附被其氧化后形成的低分子量的有机物而被后续的混凝过程去除。有机物被氧化后也可能在混凝过程中发生缩聚反应生成新的大分子有机物。

高铁酸盐预氧化后用硫酸铝混凝对原水中的有机污染物有良好的去除作用，总体含量下降 60% 左右，具有广谱除有机污染作用。尤其对水中含量最高，数量最多的苯系物，浓度去除率高达 94.4%。对单纯硫酸铝不能去除的酸、酯、杂环化合物以及含氮化合物等，高铁酸盐预氧化可以提高其去除率 55%～80%。高铁酸盐氧化后新生成的小分子、低沸点有机物能够被后续的混凝过程去除，高铁酸盐分解后形成的氢氧化铁胶体能够通过吸附作用去除这些有机物。

2.3 高铁酸盐氧化酚类有机物

酚类化合物是水体中常见的有机污染物，也是我国水体中检出频率最高的一类有机污染物，其中大部分是一元取代酚。水中酚类污染物的来源主要有两个途径：一是来源于天然形成的有机物的降解、植物腐烂等过程；二是来自化工、焦化、造纸等含酚废水的排放，后者是水中酚类有机物的主要来源。酚类化合物在饮用水处理的氯化消毒过程中生成氯酚，同时酚类化合物也是消毒副产物的主要前驱物质之一。在饮用水处理的通常投氯量下，氯化副产物中能通过色谱分离鉴定的难挥发性卤代有机物主要是氯酚。氯酚带有强烈的令人不愉快的气味，严重影响饮用水的感官性状指标，是饮用水水质中应该重要控制的有机污染物之一。如何控制与消除饮用水中的氯酚一直是很棘手的问题。

酚类化合物的基本构型是羟基与苯环直接相连，由于酚类化合物分子包含羟基，它们的物理性质与醇相似，绝大多数的酚类是结晶固体，在水中的溶解度较大。酚类在水中呈弱酸性，在水中容易离解形成酚氧根离子。酚类有机物的酸性取决于其芳环上取代基的吸电子性，当羟基所连的芳环上有强的吸电子基时，则酚的酸性增强，如 2,4,6-三硝基苯酚的酸性与强无机酸接近。比较重要的酚类化合物包括：苯酚、甲苯酚、萘酚和苯二酚等。酚类化合物在工业中应用广泛，如苯酚、甲苯酚一般用来合成炸药、医药、塑料等，这些工业的污水排放也造成了对水体的污染。

下面具体介绍高铁酸盐氧化苯酚和几种典型取代酚化合物的效果，有机物的影响因素、最优条件和反应历程，使读者对高铁酸盐氧化有机物的过程和程度有一个全面的认识。

2.3.1 高铁酸盐氧化地表水中的酚

采集冬季松花江水作为本底，考察高铁酸盐在天然水环境下对原水中苯酚的氧化去除效能。试验期间的地表水水质情况见表 2-6。向水中加入一定量的苯酚（50μg/L），静置一段时间，配制模拟受苯酚污染的地表水。试验过程中水温为室温 22℃。

试验期间的典型水质　　　　　　表 2-6

指标	浊度(NTU)	色度(CU)	pH	TOC(mg/L)	碱度(mgCaCO$_3$/L，以 CaCO$_3$ 计)
浓度	20~30	30	7.1	8~10	50~60

高铁酸盐氧化苯酚的效果见图 2-2。在高铁酸盐氧化一段时间后继续投加硫酸铝混凝沉淀，沉淀后水样经过 G4 砂芯漏斗过滤，以 HP-6890 气相色谱仪（氢火焰检测器）测定滤后水样中的剩余苯酚浓度。考察硫酸铝混凝是否对高铁酸盐的氧化除酚效果有影响。气相色谱条件：色谱柱为 HPS (19091J-415)，规格 30m×0.32mm×0.25μm。载气（N$_2$）流量 5.8mL/s；柱压 20psi；流速 74cm/s。升温方式为：50℃下恒温 5min；以 8℃/min 的速率升温至 180℃；然后在 180℃ 温度下稳定 5min。检测器温度：250℃，进样口温度 230℃，进样量 2μL。空气与 H$_2$ 的流量比为 450:40；尾吹：45.8mL/min。

在同一氧化时间（5min）条件下，随着高铁酸盐投量的增加，水中剩余苯酚浓度持续下降 [图 2-2 (a)]。说明高铁酸盐的起始浓度对

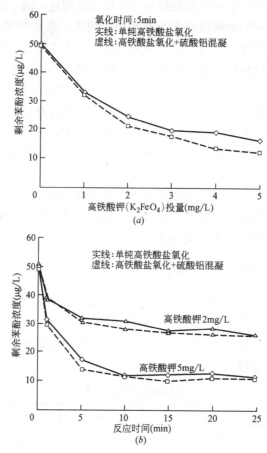

图 2-2　高铁酸盐氧化地表水中的苯酚

苯酚的氧化分解有较重要影响。单纯硫酸铝混凝仅能够去除水中少量的苯酚，其中坐标 0 点的试验结果是单纯硫酸铝混凝对水中的苯酚的去除作用，40mg/L 的硫酸铝混凝可以将水中苯酚浓度降低几个 $\mu g/L$。剩余苯酚浓度随着高铁酸盐投量的增加而呈下降的趋势，这与单纯高铁酸盐氧化除酚结果相同，说明硫酸铝混凝对苯酚的氧化影响不大。图 2-2(b) 为不同预氧化时间的剩余苯酚去除效果曲线，后续的硫酸铝混凝对高铁酸盐氧化分解水中的苯酚没有较大的影响。高铁酸盐预氧化的剩余苯酚浓度较单纯高铁酸盐氧化有轻微的下降，大约为几个 $\mu g/L$。苯酚氧化反应在 10min 之内速度很快，氧化后剩余苯酚浓度由 $50\mu g/L$ 降低至 $12\mu g/L$。随着反应时间的延长，苯酚剩余浓度基本稳定。

在上面的试验中,高铁酸盐(包括投量 5mg/L)的特征紫色在 10min 完全褪尽。由于高铁酸盐容易分解褪色,不会在后续的工艺中造成色度增高的现象,因此投量范围可以放宽至 5mg/L 甚至更高。而同类的氧化剂高锰酸钾投量一旦超过 2mg/L 就很难褪色,容易造成出水锰超标。高铁酸盐这一特点有利于在生产中的投加控制与维护管理,是高铁酸盐作为预处理药剂的一个突出优点。

2.3.2 高铁酸盐氧化纯水中的苯酚

试验静态试验过程:取 100mL 浓度为 100μg/L 的酚溶液置入磨口瓶中,摩尔浓度 0.001mmol/L。用 0.1mol/L 硫酸或氢氧化钠溶液调节酚溶液 pH 值。向水样中加入过量高铁酸盐,混合、振荡一定时间后加入一滴浓硫代硫酸钠溶液终止反应。加入硫酸酸化使溶液 pH<2,萃取后用色谱测定剩余酚浓度。

图 2-3 为不同 pH 条件下经高铁酸盐氧化后,水样中剩余苯酚浓度随时间的变化曲线。高铁酸盐的起始浓度为 3mg/L,苯酚的起始浓度是 100μg/L,高铁酸盐(以 K_2FeO_4 计)与苯酚(C_6H_5O)的摩尔浓度是 15:1。从图中曲线可以看出,在弱酸性条件下(pH=3、5),高铁酸盐氧化苯酚的速度较快,即高铁酸盐在与苯酚混合的初期有很高的反应速度,剩余苯酚浓度在反应开始时降低很明显。这个过程在试验选定最短取样时间点(1min)之内即已经完成。其后随着氧化时间的继续

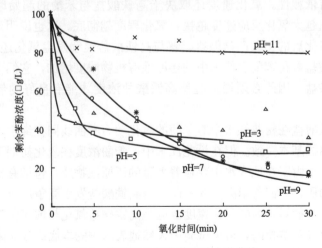

图 2-3 高铁酸盐氧化苯酚动力学曲线

延长，剩余苯酚浓度变化很不显著，没有明显的随着时间延长而下降的趋势。在中性条件下（pH=7、9），反应初期的氧化速度明显低于弱酸性条件（<20min），剩余苯酚浓度较高。但是延长反应时间，剩余苯酚浓度继续降低，这个现象同弱酸性条件不同。而在弱碱性条件下（pH=11、12），反应初期高铁酸盐氧化效率即明显降低，继续延长氧化时间，剩余苯酚浓度没有进一步降低。在各个pH条件下，高铁酸盐氧化苯酚的规律有相似之处，即反应初期氧化效率较高，剩余苯酚浓度下降显著。

高铁酸盐投加到苯酚溶液中后，其特征紫色逐渐消失。在酸性和中性条件下，反应10min之后高铁酸盐的特征紫色完全褪尽，转化为Fe（Ⅲ）的棕黄色，在pH>10以上时，高铁酸盐褪色较慢，在30min左右颜色才完全消失。

高在水中存在还原性物质苯酚的情况下，高铁酸盐会与有机物发生反应而被还原，分解后产生的Fe^{3+}会进一步加快高铁酸盐的分解，导致高铁酸盐的浓度不断降低，从而降低苯酚的氧化速度。另外，苯酚的氧化产物也可能被高铁酸盐进一步氧化，形成连续反应，并由此影响高铁酸盐对苯酚的氧化速度。高铁酸盐氧化苯酚能够使苯酚溶液的TOC有所下降，也说明高铁酸盐能够将初级氧化产物进一步氧化，并可能将其最终无机化。

高投量的高铁酸盐氧化速度较高，说明苯酚的氧化对高铁酸盐的起始浓度有依赖性。氧化速度还取决于高铁酸盐与苯酚的起始摩尔浓度比，比值越大氧化反应速度越快，氧化程度越彻底。这也说明苯酚被高铁酸盐氧化后的初级产物仍然能够与高铁酸盐继续发生氧化还原反应，即高铁酸盐氧化苯酚后使水中的还原性有机物浓度增加，它们会同时消耗高铁酸盐，因此必须增加起始高铁酸盐浓度才能有良好的氧化苯酚效果。

高铁酸盐在松花江水中对苯酚的氧化动力学曲线同在纯水中的氧化动力学曲线基本一致。但在松花江水中，苯酚浓度在氧化初期下降相对较慢。这是由于在地表水中存在着大量的还原性物质，包括有机物和一些无机物质，它们与苯酚一起可能会与高铁酸盐发生竞争反应，从而降低了高铁酸盐对苯酚的氧化速度。但是高铁酸盐氧化与预氧化对水中的酚去除效果基本相同，可见试验中天然地表水中的本底成分对高铁酸盐氧化这种浓度级的苯酚影响不大。

2.3 高铁酸盐氧化酚类有机物

比较上面各个 pH 条件下的苯酚氧化的动力学曲线,发现各条曲线都呈较相似的下凹线,并有一个明显的拐点,随着氧化时间的延长,苯酚的剩余浓度曲线趋于平稳。在试验所选的每个 pH 条件下,高铁酸盐初期氧化苯酚的速度都很快。在弱酸性条件下,高铁酸盐分解迅速,试验中也观察到高铁酸盐的特征紫色在很短的时间内褪色,但由于高铁酸盐在酸性条件下的氧化还原电位高(2.20V),因此仍然能够很快地氧化苯酚。氧化曲线表明,pH 升高,高铁酸盐对苯酚的氧化规律不变,短时间内苯酚剩余浓度就有很大的下降。从 pH＝7、9 时的氧化曲线可以看出,初期的苯酚剩余浓度下降幅度不大。但是延长氧化时间(如氧化 30min),剩余苯酚浓度则大大降低。这是由于 pH 升高,高铁酸盐在水中的稳定性增强,可以保持与苯酚持续反应,因而剩余苯酚浓度随着氧化时间延长而下降。高铁酸盐氧化苯酚后能够使水样的 TOC 降低,说明高铁酸盐能够将部分的氧化产物最终无机化,能够持续与氧化产物反应,故高铁酸盐与苯酚之间的氧化反应可能是一种连续反应。苯酚被氧化后生成的中间产物能够被高铁酸盐继续氧化,在中间产物浓度达到一定程度时,高铁酸盐与这些中间产物的氧化还原反应就可能成为体系中的主要反应,并大量消耗高铁酸盐。

固定氧化时间,以氧化后苯酚的剩余浓度对 pH 作图。图 2-4 为不同氧化时间、不同投量的高铁酸盐氧化后苯酚剩余浓度曲线。从曲线可

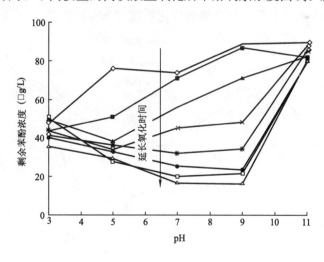

图 2-4　pH 对高铁酸盐氧化苯酚的影响

以看出,在中性条件下高铁酸盐对苯酚氧化后的剩余苯酚浓度要低于酸性和碱性条件。剩余苯酚浓度随着 pH 值的升高而逐渐降低,在 pH 8 附近达到最低点,氧化时间越长规律越明显;当 pH 继续升高时(pH＞10),苯酚的剩余浓度也随之升高,剩余苯酚浓度曲线呈明显 U 形。

在 pH 升高的过程中,高铁酸盐的氧化还原电位逐渐下降,由酸性条件下的 2.2V 降低至碱性条件下的 0.7V,其氧化苯酚的效率随之降低。pH 升高,水中酚氧根离子增多,可以推测高铁酸盐更易与酚氧根发生氧化反应。另外,pH 导致的苯酚在水中的形态变化也是影响氧化效率的主要原因。就苯酚在水中的两种状态而言,酚氧负离子中含有多余的电子,很容易与氧化剂作用失去这一电子而被氧化,而苯酚的分子(HA)呈电中性,且在其分子中就含有质子,氧化的过程同时也是一种得质子的过程,较难在其表面上加上额外的质子而被氧化。

2.3.3 高铁酸盐氧化其他酚类化合物

高铁酸盐对 2,4-二氯酚、对硝基酚的氧化动力学曲线与苯酚类似。高铁酸盐对 2,4-二氯酚的氧化效率变化同苯酚相同,但氧化效率要高于苯酚。同样的,高铁酸盐在中性范围内的氧化效率最高。高铁酸盐氧化对硝基酚的效率远远低于 2,4-二氯酚,也低于苯酚。pH 对氧化效率的影响与苯酚、2,4-二氯酚相同。

图 2-5 为三种酚类化合物的氧化速度与 pH 的关系。pH 对三种酚

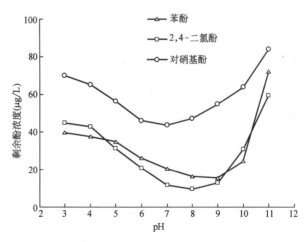

图 2-5 pH 对高铁酸盐氧化酚类化合物的影响

类的氧化效率影响相同，说明高铁酸盐对酚类的氧化作用是基于对酚氧根的氧化。同样 pH 条件下，三种酚的氧化效率并不相同，说明芳环上的取代基很大程度影响氧化效率。

一般来说，各种酚类化合物氧化速率的差别主要是由于取代基在苯环上的电子效应所致。取代基的给电子效应使酚羟基上的电子云密度增加，有利于得电子的氧化反应进行。而吸电子效应使羟基上的电子云密度减弱，不利于氧化反应的进行。对氯酚中羟基的对位上的氯，一方面具有吸电子的诱导效应致使反应钝化，另一方面具有给电子的共轭效应，且共轭效应一般大于诱导效应，所以总的电子效应使反应致活。苯环上的羟基与苯环上的氯类似，也可使反应致活。但是如果苯环上的羟基之间有氢键存在，就会影响电子效应而使反应并不遵循一定的规律。常见的取代基中—NO_2、—CN、—COOH、—CHO、—COR 等均具有吸电子共轭效应（与诱导效应一致），苯环上有这些基团均可使反应致钝，而且对位比间位钝化程度强。—NH_2、—Cl、—OH、—OR、—OCOR 等均有给电子的共轭效应（与诱导效应相反），共轭效应一般比诱导效应强，尤其是间位和对位取代基，这些给电子取代基可使反应致活，且对位比间位致活程度强。芳环上的取代基对酚类的氧化速度有重要影响，对位上的—Cl 由于其给电子的共轭效应大于吸电子的诱导效应，总的电子效应使反应致活。因此，2,4-二氯酚的氧化速度要大于苯酚。芳环上的—NO_2 具有吸电子共轭效应，使氧化反应钝化，且对位效应使钝化程度加强，使对硝基酚的氧化速度低于苯酚。

从图中曲线对比还发现，三种酚氧化的最优 pH 并不相同。苯酚约在 pH=7 左右剩余浓度最低，2,4-二氯酚约在 pH=8 附件达到大氧化效率，对硝基酚则约在 pH=9 左右。酚类化合物的离解平衡常数是造成上述差异的主要原因。苯酚的离解平衡常数为 7.25，2,4-二氯酚和对硝基酚分别为 7.8 和 9.89，这个发现验证了前面有关高铁酸盐主要氧化酚氧基的推断。当 pH 升高时，水中酚类发生离解，在平衡常数达到最大离解，此时高铁酸盐对酚类化合物的氧化效率最高。pH 继续升高，酚氧基浓度继续增加，但高铁酸盐越来越接近稳定区，氧化电位降低，氧化效率反而下降。

2.3.4　高铁酸盐氧化酚类化合物历程

高铁酸盐氧化酚类化合物过程中可能存在自由基氧化过程。电子顺磁共振仪（EPR）检测结果表明（Huang 等，2001a），高铁酸盐氧化酚类化合物首先形成酚与高铁酸根的复合体（如下图所示），即先从反应物转变到过渡态，这个过程可能包括在活性复合体中形成氢键，并伴随着分子间的电子转移：

$$\text{C}_6\text{H}_5-\text{O}-\text{H}\cdots\text{O}=\text{Fe}(=\text{O})_3$$

高铁酸盐氧化苯酚的反应速度可由式（2-1）表达：

$$d[M]/dt = \{k_{fast}[FeO_4^{2-}][C_6H_5O] + C\} - k_{slow}[M][C_6H_5O] \quad (2\text{-}1)$$

式中 M 为中间产物。

Huang 等推断，高铁酸盐氧化酚类化合物的机理包括：第一步酚被氧化为酚氧自由基（1），这一步反应较快。随后酚氧自由基继续被氧化形成醌和联酚。第一步形成酚氧自由基的过程很快，其速度常数为 $k_{fast}=44\pm8\text{L/(mol·s)}$，最后生成多联酚的过程反应最慢，$k_{slow}=17\pm1\text{L/(mol·s)}$。反应历程如下面所示：

$$\text{C}_6\text{H}_5\text{-OL} + \text{FeO}_4^{2-} \xrightarrow{k_{fast}} \text{C}_6\text{H}_5\text{-O·} + \text{FeO}_4^{3-} + \text{L}^+(\text{aq}) \quad (2\text{-}2)$$

$$\text{C}_6\text{H}_5\text{-O·} \longrightarrow \text{·C}_6\text{H}_4\text{=O} \quad (2\text{-}3)$$

$$\text{·C}_6\text{H}_4\text{=O} + \text{Fe(V)} \longrightarrow \text{O=C}_6\text{H}_4\text{=O} + \text{Fe(III)} \quad (2\text{-}4)$$

$$2\text{·C}_6\text{H}_4\text{=O} + \text{Fe(V)} \longrightarrow \text{O=C}_6\text{H}_4\text{-C}_6\text{H}_4\text{=O} + \text{Fe(III)} \quad (2\text{-}5)$$

$$\text{O=C}_6\text{H}_4\text{-C}_6\text{H}_4\text{=O} + \text{C}_6\text{H}_5\text{-OL} \xrightarrow{k_{slow}} \text{联苯酚类化合物} \quad (2\text{-}6)$$

在氧化形成酚氧自由基后，反应可能经历 3 种独立的反应过程：(1) 酚氧自由基完成 2 电子转移的氧化过程，生成对苯醌；(2) 氧化后形成中间产物 4,4′-二苯酚合苯醌，这也是一个 2 电子转移的氧化过程；(3) 氧化形成多联酚，当酚过量时更容易生成产物多联酚。初级产物苯醌、联酚等被高铁酸盐继续氧化，直至最终无机化。

2.4 高铁酸盐氧化其他有机物历程

高铁酸盐在水中具有选择氧化性，可以氧化多种有机物，如酚类、醇类、苯胺、含硫有机化合物、含氮有机化合物等。高铁酸根在水中会形成几种质子化形式，并激发有机物的O—H键和C—H键，发生氧化反应。

高铁酸盐氧化有机物一般首先发生二聚反应，即高铁酸盐与反应物形成复合体，然后在复合体上发生电子转移，形成初级产物，Fe（Ⅵ）被顺序还原为Fe（Ⅴ）、Fe（Ⅲ）、Fe（Ⅱ）。研究发现，Fe（Ⅴ）在氧化过程中起重要作用，其氧化速度比Fe（Ⅵ）高3～5个数量级。下面综合介绍高铁酸盐氧化几种典型有机物的反应历程，并列出一些反应条件下的速度常数作为读者参考。

2.4.1 醇

1. 高铁酸盐氧化甲醇

高铁酸盐氧化能够破坏醇的O—H键和C—H键，对水中的醇类化合物有很快的氧化速率。高铁酸盐氧化醇类化合物，在反应的最初首先要经历一个进入反应通道阶段，即首先与醇类化合物形成复合体，以甲醇为例：

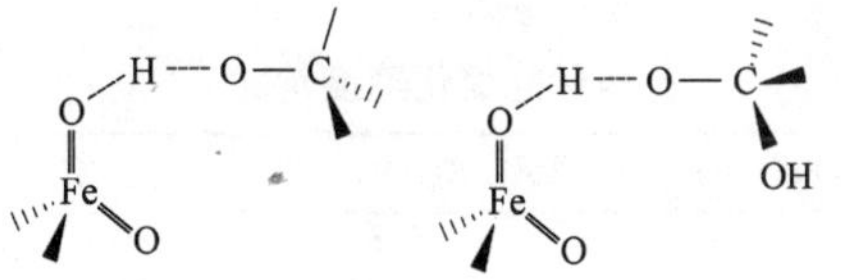

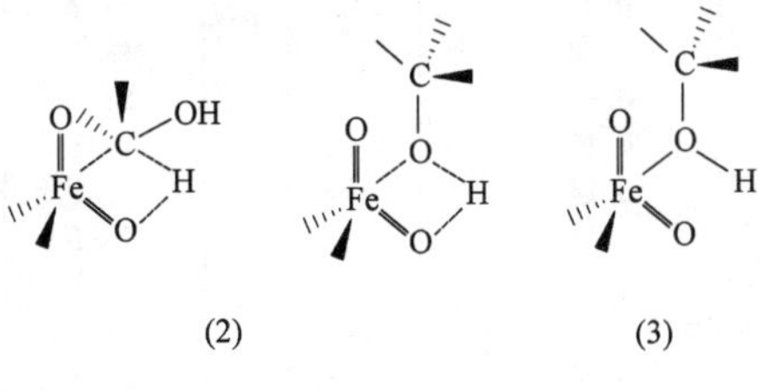

这个反应通道有3种可能的形式：（1）高铁酸盐从O—H或C—H键上直接夺取H原子，（2）在O—H或C—H键与高铁酸根的一个Fe—O分支之间形成复合体，（3）通过Fe与醇上的O原子成键方式。

通过第三种通道开始的甲醇氧化反应历程如下图 2-6 所示:

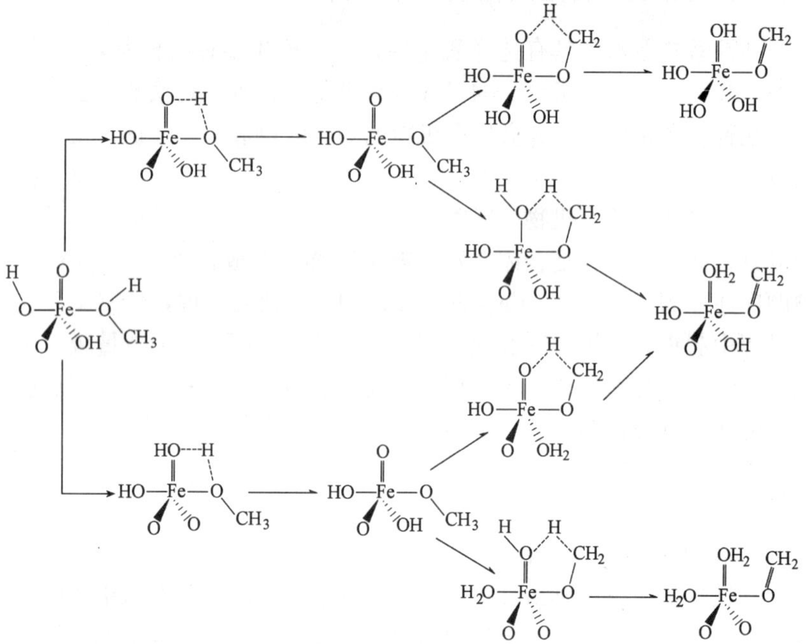

图 2-6 甲醇的氧化反应历程之一

高铁酸根被还原为三价铁，甲醇被氧化生成甲醛。

2. 氧化二级醇

2-丙醇的氧化速度常数　　　　表 2-7

[2-丙醇](mol/L×10²)	[K₂FeO₄](mol/L×10³)	KOH(mol/L)	温度(℃)	k(L/(mol·s)×10)
1.91	0.20	8.0	25.1	1.39
1.91	0.16	8.0	31.8	2.05
1.91	0.24	8.0	38.5	2.82
1.91	0.30	8.0	45.2	4.13
1.91	0.52	8.0	45.2	3.74
2.18	0.19	8.0	25.1	1.47
2.23	0.15	8.0	25.1	1.55
4.46	0.14	8.0	25.1	1.28
5.95	0.13	8.0	25.1	1.38
8.92	0.13	8.0	25.1	1.42
2.11	0.25	7.0	25.1	0.991
2.13	0.20	6.0	25.1	0.715
1.91	0.34	5.0	25.1	0.555
1.97	0.31	4.0	25.1	0.338
3.17	0.49	4.0	25.1	0.410
3.98	0.35	3.0	25.1	0.292

1,1,1,3,3,3-六氟-2-丙醇的氧化速度常数　　　表 2-8

pH	$k\times10^2$[L/(mol·s)]	pH	$k\times10^2$[L/(mol·s)]
8.00	79.23±2.3	9.30	14.7±0.5
8.15	62.7±1.0	9.70	11.4±0.1
8.42	40.3±1.0	9.95	9.20±0.3
8.60	28.5±0.8	10.14	9.57±0.2
8.70	24.1±0.8	10.69	8.60±0.23
9.02	17.0±0.4		

高铁酸盐氧化醇的反应可被酸或碱催化。酸性条件下形成的酸性高铁酸离子（$HFeO_4^-$）比高铁酸根有更强的氧化能力，因而氧化速度提高。碱性条件下，醇形成醇盐，比醇有更高的活性，容易被氧化。另外，碱性条件下高铁酸根可能水解为 $HOFeO_4^{3-}$，一般认为，它对被醇或醇盐的亲质子攻击更敏感。

2.4.2 苯胺

苯胺是重要的有机原料中间体，并可做溶剂。苯胺有特殊臭味，易溶于多种有机溶剂，微溶于水，有毒，常用于制选环己胺等。Huang 等研究确定高铁酸盐氧化苯胺的一级和二级反应速率常数为 $k_1=2.3\times10^{-10}$ L/(mol·s)，$k_2=365$ L/(mol·s)。

氧化还原的总反应方程如下：

$$HFeO_4^- + FeO_4^{2-} + 4C_6H_5-NH_2 \rightleftharpoons$$
$$2Fe^{2+} + 2C_6H_5N=NC_6H_5 + 7OH^- + H_2O \tag{2-7}$$

反应历程可以表达为式（2-8）～式（2-12）：

$$C_6H_5-NH_2 + HFeO_4^- \longrightarrow C_6H_5-\dot{N}H + FeO_4^{3-} + 2H^+(aq) \tag{2-8}$$

$$C_6H_5-NH_2 + FeO_4^{2-} \longrightarrow C_6H_5-\dot{N}H + FeO_4^{3-} + H^+(aq) \tag{2-9}$$

$$C_6H_5-\dot{N}H + Fe(VI) + OH^- \longrightarrow C_6H_5-NHOH + Fe(IV) \tag{2-10}$$

$$C_6H_5-NHOH + Fe(IV) + 2OH^- \longrightarrow C_6H_5-NO + Fe(II) + 2H_2O \tag{2-11}$$

$$\text{C}_6\text{H}_5\text{-NO} + \text{C}_6\text{H}_5\text{-NH}_2 \longrightarrow \text{C}_6\text{H}_5\text{-N=N-C}_6\text{H}_5 + \text{H}_2\text{O} \quad (2\text{-}12)$$

与氧化酚类、醇类化合物的历程相似，高铁酸根首先与苯胺形成过渡复合体，随后发生电子转移的氧化还原反应。复合体如下：

$$\left[\text{C}_6\text{H}_5\text{-N(H)-H} \cdots \text{O-Fe(O)(O)-OH} \right] \text{ 或者 } \left[\text{C}_6\text{H}_5\text{-N(H)-H} \cdots \text{O-Fe(O)(O)-O} \right]^{2-}$$

2.4.3 氨三乙酸 (NTA)

氨三乙酸又称氮川三乙酸，氨基三乙酸，次氮基三乙酸，或次氨基三乙酸。氨三乙酸是重要的络合剂，可与多种金属形成金属络合物，在燃料工业中是优良的固色剂。可用作水处理的除垢剂与表面钝化作用。常代替三聚磷酸钠作洗涤剂助剂，已经证明它可以强致癌有机物，其分解产物同时具有致癌性。中性条件下（pH＝7.7～9.5）高铁酸盐氧化 NTA 过程如下图 2-7 所示：

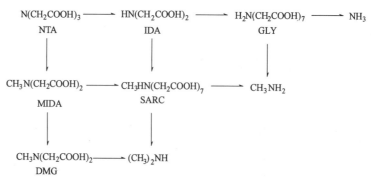

图 2-7 高铁酸盐 NTA 过程

氧化还原反应主要包括两个反应历程：第一，顺序经历 2 电子转移的氧化过程，高铁酸盐将 NTA 氧化为氨。第二，NTA 本身，中间产物氨二乙酸（IDA）或乙醛酸（Gly）发生歧化反应，然后发生 2 电子转移的氧化过程。氧化过程中间产物乙醛酸可被氧化脱羧基生成二氧化碳和甲酸，甲酸可被继续氧化成二氧化碳。也可能被氧化生成草酸，然后被氧化生成 2 个二氧化碳分子。高铁酸盐氧化 NTA 主要造成 C—N 键的联系断键。第二和第三级反应产物与高铁酸盐的反应速度要高于

NTA 和最后胺的反应速度 50 倍以上，是整个反应过程的控制步骤。

反应速度常数　　　　　　　　　　　表 2-9

NTA		IDA		Gly	
pH	k_s	pH	k_s	pH	k_s
8.15	2.04	8.50	60.6	8.50	60.6
8.32	1.94	8.80	42.9	8.80	59.1
8.47	1.81	9.20	23.6	9.20	55.3
8.64	1.70	9.40	13.9	9.40	46.3

2.4.4　硫代乙酰胺

硫代乙酰胺固体为白色结晶粉末，其水溶液在室温或 50℃时相对稳定，但有氢离子存在时，很快产生硫化氢而分解。常用作聚合物的硫化剂及交联剂、橡胶助剂、化学试剂、医药原料等，还可用作催化剂、稳定剂、阻聚剂、电镀添加剂、照相药品、农药、染色助剂、选矿药剂、发光产品等的原料。环境影响主要是因为其刺激性气味。

高铁酸盐顺序将硫代乙酰胺氧化为亚磺酰、亚磺酸、磺酸，最后生成硫酸根和乙酰胺。pH 降低氧化速率加快。pH 从 12 降低至 9，反应速度提高 120 倍。反应体系温度升高，反应速度加快。例如温度从 15℃升高至 35℃，反应速度提高 5 倍。高铁酸盐氧化硫代乙酰胺的总反应如式（2-13）：

$$8HFO_4^- + 3CH_3CSNH_2 + 9H_2O \longrightarrow$$
$$8Fe(OH)_3 + 3CH_3CONH_2 + 3SO_4^{2-} + 2OH^- \quad (2-13)$$

反应开始高铁酸根 Fe(Ⅵ) 获得电子还原成 Fe(Ⅴ)，硫代乙酰胺失去电子形成硫代乙酰胺自由基。自由基继续与 Fe(Ⅵ) 反应生成 Fe(Ⅴ) 及亚磺酰酸，反应历程如式（2-14）～式（2-17）：

$$HFO_4^- + CH_3CSNH_2 \longrightarrow H_2FeO_4^- + CH_3NHCS\cdot \quad (2-14)$$

$$HFeO_4^- + CH_3NHCS\cdot + H_2O \longrightarrow H_2FeO_4^- + CH_3NHCSOH$$
$$(2-15)$$

$$H_2FeO_4^- + CH_3NHCSOH + H_2O \longrightarrow$$
$$Fe(OH)_3 + CH_3NHCSO_3H + OH^- \quad (2-16)$$

$$2HFeO_4^- + 3CH_3NHCSO_3H + 4OH^- \longrightarrow$$
$$2Fe(OH)_3 + 3SO_4^{2-} + 3CH_3CONH_2 \quad (2-17)$$

反应速度常数　　　　　　　　　　表 2-10

温度(℃)	$k[\text{L}/(\text{mol}\cdot\text{s})]$	pH	$k[\text{L}/(\text{mol}\cdot\text{s})]$
pH=10.70		温度 15℃	
15	48.3±1.98	9.14	1571±83.3
20	72.7±2.96	9.30	1111±125
25	110±2.10	9.42	872±35.8
30	162±6.17	9.55	531±51.7
35	244±1.60	9.67	426±4.18
		9.75	347±11.5
		9.90	261±5.70
		10.13	208±5.70
		10.41	110±1.79
		10.70	48.3±1.98
		11.13	38.9±1.01
		11.56	23.6±0.98
		12.00	12.4±1.30

2.4.5 羟胺

羟胺是一种重要的化学中间产物，它广泛用于尼龙、墨水、颜料、药物、农药等的制造。羟胺对眼睛、皮肤、黏膜具有较强的刺激性，能引起这些组织的过敏症状。在碱性介质内或在高浓度下加热不稳定，缓慢分解。

高铁酸盐通过 2 电子转移过程氧化羟胺，反应初期同样首先形成高铁酸根与羟胺的复合体，然后发生电子交换，如图 2-8 所示。

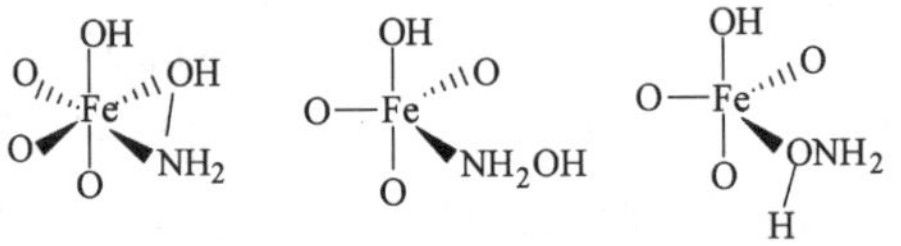

图 2-8　羟胺氧化过程

反应历程及产物可由式（2-18）～式（2-21）表示：

$$2NH_2OH + FeO_4^{2-} + 4H^+ \longrightarrow N_2O + Fe^{2+} + 5H_2O \quad (2\text{-}18)$$

$$2CH_3NHOH + FeO_4^{2-} + 4H^+ \longrightarrow 2CH_3NO + Fe^{2+} + 4H_2O \quad (2\text{-}19)$$

$$2CH_3ONH_2 + FeO_4^{2-} + 4H^+ \longrightarrow 2CH_3OH + Fe^{2+} + N_2O + 3H_2O$$
$$(2\text{-}20)$$

$$2PhNHOH + FeO_4^{2-} + 4H^+ \longrightarrow 2PhNO + Fe^{2+} + 4H_2O \quad (2\text{-}21)$$

高铁酸盐氧化羟胺速率常数　　　　　　　　表 2-11

反应物	NH_2OH	CH_3NHOH	CH_3ONH_2
$k[L/(mol·s)]$	$(3.3\pm0.4)\times10^4$	$(1.6\pm0.2)\times10^5$	110 ± 20

注：反应条件：25℃，0.05mol/L 磷酸盐缓冲溶液，离子强度 1.0mol/L。

高铁酸盐对含氮羟胺的氧化历程可以由方程（2-22）～方程式（2-24）表示：

$$RNHOH + FeO_4^{2-} \longrightarrow RNO + Fe(\text{IV}) \quad (2-22)$$

$$RNHOH + HFeO_4^{-} \longrightarrow RNO + Fe(\text{IV}) \quad (2-23)$$

$$Fe(\text{IV}) + RNHOH \longrightarrow RNO + Fe^{2+}（快速反应） \quad (2-24)$$

2.4.6　3-巯基-1-丙磺酸（MPS）、2-巯基烟酸（MN）

3-巯基-1-丙磺酸钠盐（MPS）用作酸性镀铜的光亮剂，可以提高镀层的装饰性和功能性。它一般和聚醚、非离子型表面活性剂配合使用，能够提高镀层延展性和光亮度。2-巯基烟酸，化学名 2-巯基-3-吡啶甲酸，固体为白色结晶性粉末，用作药品、化学原料药和化工合成中间体。

高铁酸盐氧化 MPS 和 MN 生成亚磺酸和次磺酸，总反应方程式如式（2-25）和式（2-26）：

$$FeO_4^{2-} + S(CH_2)_3SO_3^{2-} + 4H^+ \longrightarrow Fe^{2+} + O_2S(CH_2)_3 + SO_3^{2-} + 2H_2O \quad (2-25)$$

$$FeO_4^{2-} + 2\,\underset{\text{SH}}{\text{（2-巯基烟酸）}} \longrightarrow Fe^{2+} + 2\,\underset{\text{SOH}}{\text{（次磺酸）}} + 2H_2O \quad (2-26)$$

反应历程如式（2-27）所示：

$$(2\text{-}27)$$

高铁酸盐氧化 MPS 和 MN 的反应速度常数分别是 3.1×10^{13} L/(mol·s) 和 1.6×10^{13} L/(mol·s)。反应中产生的硫醇加速高铁酸根分解，并与三价铁离子形成络合物。

2.4.7 S-甲基-L-半胱氨酸、L-胱氨酸、L-半胱氨酸

S-甲基-L-半胱氨酸分子式 $C_4SNO_2H_9$，L-胱氨酸分子式 $C_6S_2N_2O_4H_{12}$，L-半胱氨酸分子式 $C_3SNO_2H_7$。有机硫化合物的氧化一般遵循简单的三级反应，一级依赖于氢离子、硫和高铁酸根的浓度，当氢离子浓度超过一定值，依赖性消失。反应溶液 pH 升高，高铁酸盐氧化胱氨酸的速度升高，反应按式（2-28）~式（2-30）进行：

$$2FeO_4^{2-} + 3CH_2SCH_2(NH_2)COO^- + 10H^+ \longrightarrow$$
$$2Fe^{3+} + 3CH_3S(O)CH_2CH(NH_2)COO^- + 5H_2O \quad (2-28)$$

$$4FeO_4^{2-} + 3OOCCH(NH_2)CH_2SSCH_2CH(NH_2)COO^{2-} + 20H^+ \longrightarrow$$
$$4Fe^{3+} + 3OOCCH(NH_2)CH_2S(O)_2SCH_2CH(CH_2)COO^{2-} + 10H_2O$$
$$(2-29)$$

$$FeO_4^{2-} + SCH_2CH(NH_2)COO^{2-} + 4H^+ \longrightarrow$$
$$Fe^{2+} + O_2SCH_2CH(NH_2)COO^{2-} + 2H_2O \quad (2-30)$$

高铁酸盐氧化 S-甲基-L-半胱氨酸（MC）的速度常数在 0.048～0.58L/(mol·s) 之间（pH=9.23～10.36）；氧化 L-胱氨酸的速度常数在 0.21～7.2L/(mol·s) 之间（pH=8.37～9.91）；氧化 L-半胱氨酸的速度常数在 $(1.4～9.3)×10^{14}$L/(mol·s)（pH=7.66～9.84）。

2.4.8 硫脲

又名硫代尿素，分子式 H_2NCSNH_2。硫脲是生产二氧化硫脲的主要原料。在医药（磺胺噻唑、甲基硫氧嘧啶、四唑咪、硝唑咪、氟脲嘧啶）、农药（杀虫、杀菌、杀螨、除草、防治病毒等）、化肥（氮肥增效剂）、造丝业、农业、金属选矿等方面也有广泛的用途，常用作分析试剂、络合指示剂及色层分析试剂。

反应历程如式（2-31）~式（2-34）：

$$HFeO_4^- + NH_2CSNH_2 \longrightarrow H_2FeO_4^- + NH_2NHCS\cdot \quad (2-31)$$

$$HFeO_4^- + NH_2NHCS\cdot + H_2O \longrightarrow H_2FeO_4^- + NH_2NHCSOH$$
$$(2-32)$$

$$H_2FeO_4^- + NH_2NHCSO_2H + H_2O \longrightarrow$$
$$Fe(OH)_3 + NH_2NHCSO_3H + OH^- \quad (2-33)$$

$$2HFeO_4^- + 3NH_2NHCSO_3H + 4OH^- \longrightarrow$$

$$2Fe(OH)_3 + 3SO_4^{2-} + 3NH_2CONH_2 \qquad (2\text{-}34)$$

总反应：

$$8HFeO_4^- + 3NH_2CSNH_2 + 9H_2O \longrightarrow$$
$$8Fe(OH)_3 + 3NH_2CONH_2 + 3SO_4^{2-} + 2OH^- \qquad (2\text{-}35)$$

高铁酸盐氧化硫脲的速度常数　　　　　　表 2-12

温度(℃)	k_H L/(mol·s) pH=10.60	pH	k_H [L/(mol·s)] 温度:25℃
10	53.7±0.67	8.80	5394±467
15	73.7±0.81	9.00	3533±113
20	94.7±0.81	9.67	953±60.2
25	106±4.51	9.79	630±36.1
30	133±1.87	9.87	531±30.1
35	174±2.75	10.23	216±15.5
		10.49	149±10.1
		10.80	91.9±4.30
		11.24	54.4±3.42
		11.44	46.5±2.30
		11.70	40.0±1.92

注：反应条件为 0.01mol/L 的磷酸盐缓冲溶液。

高铁酸盐氧化几种含硫化合物的速度常数对比（25℃）　表 2-13

反应物	分子式	$k(K_2FeO_4+R)$ L/(mol·s)
硫化氢	H_2S	1.2×10^7
硫代硫酸钠	$S_2O_3^{2-}$	3.6×10^4
硫脲	NH_2CSNH_2	1.9×10^4
苯亚砜盐	$C_6H_5SO^{2-}$	7.0×10^3
蛋氨酸	CH_3SMet	6.5×10^3
噻嗯烷	C_4H_8OS	2.9×10^3
二甲基亚砜	$CH_3S(O)CH_3$	1.1×10^2

2.4.9 肼

肼分子式 NH_2NH_2，是广泛应用的具有多种用途的化学品，主要用于农药、医药的合成，水处理剂及聚合物发泡剂，并在高技术领域如火箭燃料、燃料电池方面有着重要应用。吸入肼蒸气出现头痛、头晕、恶心、呕吐、腹泻、眼及上呼吸道刺激症状。口服中毒引起频繁恶心、呕吐、腹泻，以后出现暂时性中枢性呼吸抑制、心律紊乱及中枢神经系统症状。可有肝功能异常。

高铁酸盐氧化肼总反应过程如式（2-36）所示：

$$FeO_4^{2-} + N_2H_4 \longrightarrow Fe(\text{III}) + N_2 + 4OH^- \qquad (2-36)$$

具体反应历程如式（2-37）～式（2-38）所示：

$$N_2H_5^+ \rightleftharpoons N_2H_4 + H^+ \qquad (2-37)$$

$$FeO_4^{2-} + N_2H_4 \longrightarrow Fe(\text{IV}) + N_2H_2 + 2OH^- \quad k_0 = 5.65 \times 10^{12} L/(mol \cdot s) \qquad (2-38)$$

$$FeO_4^{2-} + N_2H_5^+ \longrightarrow Fe(\text{IV}) + N_2H_2 + 3OH^- \quad k_1 = 3.6 \times 10^4 L/(mol \cdot s) \qquad (2-39)$$

$$Fe(\text{IV}) + N_2H_2 \longrightarrow Fe(\text{II}) + N_2 + 2OH^- \qquad (2-40)$$

$$Fe(\text{IV}) + N_2H_2 \longrightarrow Fe(\text{II}) + N_2 + 2H^+ \qquad (2-41)$$

反应条件为：pH=8，0.05mol/L 磷酸钠缓冲溶液。

高铁酸盐氧化一甲基肼总反应过程如式（2-41）～式（2-47）所示：

$$N_2H_5^+ \longleftrightarrow N_2H_4 + H^+ \qquad (2-42)$$

$$FeO_4^{2-} + CH_3N_2H_3 \longrightarrow Fe(\text{IV}) + CH_3N_2H + 2OH^-$$
$$k_0 = 4.41 \times 10^3 L/(mol \cdot s) \qquad (2-43)$$

$$FeO_4^{2-} + CH_3N_2H_4^+ \longrightarrow Fe(\text{IV}) + CH_3N_2H + 4OH^-$$
$$k_1 = 5 \times 10^4 L/(mol \cdot s) \qquad (2-44)$$

$$FeO_4^{2-} + CH_3N_2H \longrightarrow Fe(\text{II}) + CH_3N_2^+ + 4OH^- \qquad (2-45)$$

$$Fe(\text{IV}) + CH_3N_2H \longrightarrow Fe(\text{II}) + CH_3N_2^+ + H^+ \qquad (2-46)$$

$$CH_3N_2 + H_2O \longrightarrow CH_3OH + H^+ + N_2 \qquad (2-47)$$

反应条件为：pH=9.7，0.05mol/L 磷酸钠缓冲溶液。

2.4.10 Fe(V) 的氧化性

高铁酸盐氧化还原反应中能够形成中间价态产物 Fe(V)，Fe(V) 继续氧化还原物并分解为三价铁。采用预混合脉冲射解方法的研究工作证明，Fe(V) 比 Fe(VI) 具有更强的氧化性，活性大约高 3～5 数量级。因而高铁酸盐的氧化作用可能被 1 电子转移型还原剂增强。利用自由基 e_{aq}^-、$\cdot CO_2^-$、$\cdot CH_2OH$ 可以方便地在溶液中检测 Fe(V)：

$$FeO_4^{2-} + e_{eq}^- \longrightarrow FeO_4^{3-} \quad k = 2.0 \times 10^{10} L/(mol \cdot s) \qquad (2-48)$$

$$FeO_4^{2-} + \cdot CO_2^- \longrightarrow FeO_4^{3-} + CO_2 \quad k = 3.5 \times 10^8 L/(mol \cdot s) \qquad (2-49)$$

2.4 高铁酸盐氧化其他有机物历程

$$FeO_4^{2-}+CH_3CHOH \longrightarrow FeO_4^{3-}+CH_3CHO+H^+$$
$$k=8.0\times10^9 L/(mol \cdot s) \qquad (2-50)$$

根据随 pH 变化的 Fe(Ⅴ)的吸光度值和动力学分解速度,可以推断其 3 种质子化形式和存在 pH 区间是:

$$H_3FeO_4 \rightleftharpoons H^+ + H_2FeO_4^- \quad 5.5 \leqslant pK_1 \leqslant 6.5 \qquad (2-51)$$
$$H_2FeO_4^- \rightleftharpoons H^+ + HFeO_4^{2-} \quad pK_2 \approx 7.2 \qquad (2-52)$$
$$HFeO_4^{2-} \rightleftharpoons H^+ + FeO_4^{3-} \quad pK_3 = 10.1 \qquad (2-53)$$

在 pH=3.6~7 范围内,Fe(Ⅴ)的分解满足一级反应,反应速度常数由 $7\times10^4 s^{-1}$ 降低至 $100 s^{-1}$。在碱性 pH 范围内,Fe(Ⅴ)分解遵循二级反应,双分子速度常数在 $10^7 L/(mol \cdot s)$ 数量级。分解历程如式 (2-54)~式 (2-56):

$$H_3FeO_4+3H^+ \longrightarrow Fe(Ⅲ)+H_2O_2 \qquad (2-54)$$
$$H_2FeO_4^- + HFeO_4^{2-} \longrightarrow 2Fe(Ⅲ)+O_2/H_2O_2 \qquad (2-55)$$
$$HFeO_4^{2-} + FeO_4^{3-} \longrightarrow 2Fe(Ⅲ)+O_2/H_2O_2 \qquad (2-56)$$

Fe(Ⅴ)对有机物的氧化速度很快,氧化羧酸的速度常数一般为 $10\sim10^6 L/(mol \cdot s)$,氧化速度快慢由取代基的特性决定,并随着 α-C-NH$_2$>α-C-OH>α-C-H 的次序降低。α-C-NH$_2$、α-C-OH 的氧化可能是 2 电子转移的氧化过程,并生成酮衍生物:

$$Fe(Ⅴ)+羧酸 \longrightarrow Fe(Ⅲ)+NH_3+\alpha\text{-酮酸}$$

氧化芳香化合物的速度一般在 $10^5\sim10^7 L/(mol \cdot s)$ 范围内,见表 2-14。

Fe(Ⅴ)氧化芳香化合物速度常数 表 2-14

有机污染物	分子式	$k[L/(mol \cdot s)]$
含硫化合物		
半胱氨酸	HSCH$_2$CH(NH$_2$)COOH	$(4.00\pm0.80)\times10^9$
胱氨酸	HOOCCH(NH$_2$)CH$_2$S-SCH$_2$(NH$_2$)CHCOOH	$(1.95\pm0.02)\times10^4$
硫脲	NH$_2$CSNH$_2$	$(8.10\pm0.40)\times10^3$
蛋氨酸	CH$_3$SCH$_2$CH$_2$CH(NH$_2$)COO$^-$	$(1.58\pm0.09)\times10^3$
羧酸		
氨基乙酸	CH$_2$(NH$_3^+$)COO$^-$	$(8.4\pm0.6)\times10^6$
丙胺酸	CH$_3$CH(NH$_3^+$)COO$^-$	$(3.1\pm0.2)\times10^6$
天冬氨酸	HOOCCH$_2$(NH$_3^+$)COO$^-$	$(2.6\pm0.1)\times10^6$
酮丙二酸	C(OH)$_2$(COOH)$_2$	$(1.4\pm0.2)\times10^6$
酒石酸	HOOC(CHOH)$_2$COOH	$(3.1\pm0.2)\times10^3$
乙二醇	HOCH$_2$COOH	$(7.2\pm1.0)\times10^2$
苹果酸	HOOCCH(OH)CH$_2$COOH	$(1.7\pm0.2)\times10^2$

续表

有机污染物	分子式	$k[\text{L}/(\text{mol} \cdot \text{s})]$
乳酸	$CH_3CH(OH)COOH$	$(1.6\pm0.2)\times10^2$
丙二酸	$CH_2(COOH)_2$	$(9.2\pm1.0)\times10$
丁二酸	$HOOCCH_2CH_2COOH$	$(2.0\pm0.2)\times10$
乙酸	CH_3COOH	$(1.6\pm0.2)\times10$
芳香化合物		
组氨酸	$C_3H_3N_2CH_2CH(NH_2)COO^-$	$22.2\pm0.1\times10^6$
苯基丙氨酸	$C_6H_5CH_2CH(NH_2)COO^-$	$9.5\pm0.4\times10^6$
酪氨酸	$HOC_6H_4CH_2CH(NH_2)COO^-$	$8.2\pm0.2\times10^6$
色氨酸	$C_8H_6NCH_2CH(NH_2)COO^-$	$9.3\pm0.4\times10^6$
酚	C_6H_5OH	$3.8\pm0.4\times10^6$
脯氨酸	$C_4H_7NCOO^-$	$0.1\pm0.01\times10^6$

注：反应条件为pH=12.4，0.1mol/L磷酸盐缓冲溶液，23～24℃。

实际反应过程中，Fe(Ⅴ)和Fe(Ⅵ)同时发挥氧化作用，并可能产生协调氧化效果。但Fe(Ⅴ)对氧化速度的贡献要视具体的反应物和反应条件而定。

2.5 小结

高铁酸盐预氧化与硫酸铝混凝沉淀具有广谱的除有机污染的作用。但高铁酸盐预氧化对TOC、COD等水质指标作用不大，一般可以提高去除率10%～30%左右。

高铁酸盐对一些典型有机物氧化效果不错，但许多研究者数据是在纯溶液条件下取得。水中多种还原物质与目标污染物存在竞争反应，在实际地表水条件下效果如何需要通过具体试验考察。

高铁酸盐在地表水中褪色速度快，在水处理工艺过程中不会出现残留。投量范围宽，可在1～5mg/L内根据需要选择，特殊情况下也可投加10mg/L以上的高铁酸盐。

第3章 高铁酸盐氧化无机物

相对有机污染物而言,高铁酸盐的强氧化性更容易氧化含硫(S^{6+},S^{4+},S^{2-})、氰(CN^-)、砷(As^{3+})等无机物。高铁酸盐氧化水和废水中的无机还原物的反应时间较短,一般以分钟计,有些反应甚至几秒钟之内完成。加上还原产物具有絮凝作用,高铁酸盐非常适合处理含有这些污染物的废水和受污染地表水。

3.1 硫化氢

井水、湖水、油田、厌氧的污水、工业废水等水中常产生硫化氢气体。生产过程,如造纸厂、化工厂、制革厂和纺织厂等也会产生硫化氢。硫化氢是厌氧条件下细菌以硫酸根为还原物氧化植物的产物。硫化氢是一种神经毒剂,具窒息性和刺激性,氧化后产酸会造成腐蚀。

硫化氢引起的污水系统腐蚀可以通过氧化控制,氧化剂可选氧气、过氧化氢、次氯酸、氯和高锰酸钾等。氧气氧化硫化氢过程较慢,在有压条件下才具有实用价值。提高氧化速度还可以通过过渡金属或化合物等催化。过氧化氢氧化速度较氧气稍有提高。次氯酸、氯和高锰酸钾都是良好的氧化剂,它们与硫化氢的反应一般可以在 5min 内完成。

高铁酸盐氧化硫化氢的速度很快,一般可在几秒中完成反应,是可能取代氯化的有潜力的氧化剂。高铁酸盐氧化硫化氢的反应为1电子转移的链式过程,生成 Fe(Ⅴ)、Fe(Ⅳ)、Fe(Ⅲ)、Fe(Ⅱ)和 S· 等中间产物,反应历程如式(3-1)~式(3-20)所示:

(1) 中性条件(pH=7)

1) 初始期:

$$HFeO_4^- + H_2S \longrightarrow H_2FeO_4^- + HS\cdot \quad (3\text{-}1)$$

$$HFeO_4^- + HS\cdot \longrightarrow H_2FeO_4^- + S\cdot \quad (3\text{-}2)$$

$$H_2FeO_4^- + H_2S \longrightarrow H_3FeO_4^- + HS\cdot \quad (3\text{-}3)$$

$$H_3FeO_4^- + H_2S + 4H^+ \longrightarrow Fe(Ⅲ) + HS\cdot + 4H_2O \quad (3\text{-}4)$$

$$Fe(Ⅲ)+H_2S \longrightarrow Fe(Ⅱ)+HS\cdot+H^+ \quad (3\text{-}5)$$

$$HFeO_4^-+Fe(Ⅱ)+H^+ \longrightarrow Fe(Ⅲ)+H_2FeO_4^- \quad (3\text{-}6)$$

$$3Fe(Ⅲ)+3HS\cdot \longrightarrow 3Fe(Ⅱ)+3S\cdot+3H^+ \quad (3\text{-}7)$$

2) 终止期：

$$H_2FeO_4^-+H_2FeO_4^-+8H^+ \longrightarrow 2Fe(Ⅲ)+2H_2O_2+4H_2O \quad (3\text{-}8)$$

$$4S\cdot+2H_2O_2 \longrightarrow 2S+S_2O_3^{2-}+2H^++H_2O \quad (3\text{-}9)$$

3) 以上的总反应是：

$$3HFeO_4^-+4H_2S+7H^+ \longrightarrow 3Fe^{2+}+S_2O_3^{2-}+2S(s)+9H_2O$$

$$(3\text{-}10)$$

(2) 碱性条件（pH=9.0～11.3）

初始期：

$$HFeO_4^-+H_2S \longrightarrow H_2FeO_4^-+HS\cdot \quad (3\text{-}11)$$

$$H_2FeO_4^- \rightleftharpoons HFeO_4^{2-}+H^+，pK=7.5 \quad (3\text{-}12)$$

$$HFeO_4^{2-}+H_2S \longrightarrow H_2FeO_4^-+HS\cdot \quad (3\text{-}13)$$

$$H_2FeO_4^{2-}+H_2S+H_2O \longrightarrow Fe(OH)_3+HS\cdot+2OH^- \quad (3\text{-}14)$$

$$Fe(OH)_3+H_2S \longrightarrow Fe(OH)_2+HS\cdot+H_2O \quad (3\text{-}15)$$

$$HFeO_4^-+Fe(OH)_2+OH^- \longrightarrow HFeO_4^{2-}+Fe(OH)_3 \quad (3\text{-}16)$$

终止期：

$$HFeO_4^{2-}+H_2O \longrightarrow Fe(OH)_3+O_2^- \quad (3\text{-}17)$$

$$2HS\cdot+2HS\cdot \longrightarrow 2H_2S_2 \quad (3\text{-}18)$$

$$4H_2S+11O_2^-+4H_2O \longrightarrow SO_3^{2-}+S_2O_3^{2-}+SO_4^{2-}+16OH^-$$

$$(3\text{-}19)$$

以上的总反应是：

$$22HFeO_4^-+48H_2S+4H_2O \longrightarrow$$
$$22Fe(OH)_3+SO_3^{2-}+S_2O_3^{2-}+SO_4^{2-}+22H_2S_2+16OH^- \quad (3\text{-}20)$$

3.2 硫的含氧化合物

硫的含氧化合物，硫代硫酸盐、亚硫酸盐、连二亚硫酸盐等在工业中用途广泛。硫代硫酸钠用作照像定影液，棉织物漂白后的脱氯剂及印染助剂，也用于医药、电镀、鞣革、冶金、染料等行业。亚硫酸钠可用作漂白剂和显影剂。有机工业用作还原剂，可防止反应过程中半成品的氧化。还可用作木质素脱除剂、人造纤维的稳定剂，并可制造光敏电阻。连二亚硫酸钠又称保险粉，用于印染，食品，医药，染料等工业。高铁酸盐对几种硫的含氧化合物具有较快的氧化速度，最终产物为硫酸盐。

1. **硫代硫酸盐**

高铁酸盐氧化硫代硫酸盐（$S_2O_3^{2-}$）生成亚硫酸盐（SO_3^{2-}）见式(3-21)：

$$14H^+ + 4FeO_4^{2-} + 3S_2O_3^{2-} \longrightarrow 4Fe^{3+} + 6SO_3^{2-} + 7H_2O \quad (3-21)$$

反应历程如式（3-22）～式（3-29）所示：

$$HFeO_4^- \rightleftharpoons FeO_4^{2-} + H^+ \quad (3-22)$$

$$HFeO_4^- + S_2O_3^{2-} \longrightarrow Fe(IV) + OSSO_3^{2-} + H^+ \quad k=3.6\times10^4 L/(mol \cdot s) \quad (3-23)$$

$$HFeO_4^- + OSSO_3^{2-} \longrightarrow Fe(IV) + S_2O_5^{2-} + H^+ \quad (3-24)$$

$$FeO_4^{2-} + OSSO_3^{2-} \longrightarrow Fe(IV) + S_2O_5^{2-} \quad (3-25)$$

$$Fe(IV) + S_2O_3^{2-} \longrightarrow Fe(II) + OSSO_3^{2-} \quad (3-26)$$

$$Fe(IV) + OSSO_3^{2-} \longrightarrow Fe(II) + S_2O_5^{2-} \quad (3-27)$$

$$Fe(IV) + Fe(II) \longrightarrow Fe(III) \quad (3-28)$$

$$H_2O + S_2O_5^{2-} \rightleftharpoons 2SO_3^{2-} + 2H^+ \quad (3-29)$$

反应初期，可能形成高铁酸根与 $S_2O_3^{2-}$ 自由基的复合体，见式（3-30）。

$$\text{HO-Fe(O)(O)(O)-S-SO}_2 \xrightarrow{+xH_2O} Fe^{IV}O_2OH(H_2O)_x + OSSO_3^{2-} \quad (3-30)$$

2. **亚硫酸盐**

高铁酸盐氧化亚硫酸盐总反应见式(3-31)：

$$2FeO_4^{2-} + 3SO_3^{2-} + 10H^+ \longrightarrow 2Fe^{3+} + 3SO_4^{2-} + 5H_2O \quad (3-31)$$

高铁酸根与亚硫酸根首先发生聚合作用，形成复合体，然后复合体内发生由 Fe（VI）到 S 的氧原子转移见式：

$$HFeO_4^- \rightleftharpoons FeO_4^{2-} + H^+ \quad (3-32)$$

$$HSO_3^- + FeO_4^{2-} \rightleftharpoons O_3Fe-O-SO_3H^{3-} \quad (3-33)$$

$$O_3Fe-O-SO_3H^{3-} \longrightarrow Fe(IV) + SO_4^{2-} \quad (3-34)$$

$$Fe(IV) + SO_3^{2-} \longrightarrow Fe(II) + SO_4^{2-} \quad (3-35)$$

$$Fe(IV) + Fe(II) \longrightarrow Fe(III) \quad (3-36)$$

3. 连二亚硫酸盐

高铁酸盐氧化连二亚硫酸盐总反应见式（3-37）：

$$2FeO_4^{2-} + 3S_2O_4^{2-} + 4H^+ \longrightarrow 2Fe^{3+} + 6SO_3^{2-} + 2H_2O \quad (3-37)$$

反应历程：

$$HFeO_4^- \rightleftharpoons FeO_4^{2-} + H^+ \quad (3-38)$$

$$HFeO_4^- + S_2O_4^{2-} \longrightarrow Fe(IV) + S_2O_5^{2-} + H^+ \quad (3-39)$$

$$FeO_4^{2-} + S_2O_4^{2-} \longrightarrow Fe(IV) + S_2O_5^{2-} \quad (3-40)$$

$$Fe(IV) + S_2O_4^{2-} \longrightarrow Fe(II) + S_2O_5^{2-} \quad (3-41)$$

$$Fe(IV) + Fe(II) \longrightarrow 2Fe(III) \quad (3-42)$$

$$S_2O_5^{2-} + H_2O \longrightarrow 2SO_3^{2-} + 2H^+ \quad (3-43)$$

表 3-1 列出了在不同 pH 条件下，高铁酸盐氧化几种硫氧化物的速度常数和最长反应时间。氧化反应的一般规律是，pH 升高，反应速度加快。硫价态对反应速度没有清晰的影响规律，但 $S_2O_4^{2-}$ 的氧化速度较其他两种快。

硫氧化物准一级氧化速度常数　　　　　　　　表 3-1

离子	pH	反应速度常数	最长反应时间(s)	产物
SO_3^{2-}	10.9～11.9	—		SO_4^{2-}
	9.1～10.9	$7 \times 10^{12} m^{-2} s^{-1}$	180	
	9.0～10.0	$3 \times 10^{12} m^{-2} s^{-1}$	30	
	8.9～11.0	$2 \times 10^{12} m^{-2} s^{-1}$	20	
	8.5～9.1	$1 \times 10^4 m^{-1} s^{-1}$		
	8.2～9.0	$1 \times 10^4 m^{-1} s^{-1}$		
$S_2O_3^{2-}$	8.8～10.6	$7 \times 10^{11} m^{-2} s^{-1}$		SO_3^{2-}
	8.5～10.1	$3 \times 10^{11} m^{-2} s^{-1}$		
	8.0～9.9	$7 \times 10^{11} m^{-2} s^{-1}$	50	
	8.0～9.7	$8 \times 10^{11} m^{-2} s^{-1}$	40	
	7.4～8.0	$1 \times 10^4 m^{-1} s^{-1}$		
	7.8～8.5	—		
	7.0～8.0	—		
$S_2O_4^{2-}$	10.2～11.2	$8 \times 10^{14} m^{-2} s^{-1}$		SO_3^{2-}
	10.1～11.1	$3 \times 10^4 m^{-1} s^{-1}$		
	9.8～11.0	$\sim 10^4 m^{-2} s^{-1}$	1	
	9.8～10.8	$2 \times 10^4 m^{-1} s^{-1}$		
	9.7～11.1	$6 \times 10^{14} m^{-2} s^{-1}$		

3.3 硫化矿渣

矿区产生硫化矿渣的量很大，当暴露在空气中时会产生矿区酸水（AMD），对周边环境造成严重污染，并可能向地表水和地下水渗漏酸和重金属。利用高铁酸盐溶液处理硫化矿尾矿可以大幅降低硫和金属含量，处理后有效减少产酸和重金属渗漏的危险。

尾矿中成分复杂，可以预见到多种反应交叉的复杂性。难以逐一量化各个反应的化学过程。研究结果证明，各个反应过程与环境中硫被氧化过程一致。现以硫化铁的氧化过程为例，反应过程如式（3-44）～式（3-46）：

$$FeS_2 + 5FeO_4^{2-} + 12H_2O \longrightarrow 6Fe(OH)_3 + 2SO_4^{2-} + 6OH^- \quad (3-44)$$

$$PbS + 2FeO_4^{2-} + 4H_2O \longrightarrow Pb^{2+} + 2Fe(OH)_3 + SO_4^{2-} + 2OH^- \quad (3-45)$$

$$CuS + 2FeO_4^{2-} + 4H_2O \longrightarrow Cu^{2+} + 2Fe(OH)_3 + SO_4^{2-} + 2OH^- \quad (3-46)$$

反应后重金属被提取至溶液中，溶液中含硫过高而生成硫酸铁沉淀，因而尾矿中的硫和金属含量大幅降低。

3.4 亚硒酸盐

水中硒化物的存在形式主要为硒酸盐和亚硒酸盐。高铁酸盐氧化亚硒酸盐的总反应如式（3-47）所示：

$$2FeO_4^{2-} + 3SeO_3^{2-} \longrightarrow 2Fe(Ⅲ) + 3SeO_4^{2-} \quad (3-47)$$

高铁酸盐氧化亚硒酸盐与氧化亚硫酸盐不同之处在于：因为亚硒酸盐较亚硫酸盐难氧化，Fe（Ⅵ）-SeO_3 二聚体更容易与另一个硒酸根组成复合体，而不是仅仅在内部发生还原反应。其过程如式（3-48）～式（3-52）所示：

$$HSeO_3^- + FeO_4^{2-} \longleftrightarrow O_3Fe-O-SeO_3H^{3-} \quad (3-48)$$

$$O_3Fe-O-SeO_3H^{3-} \longrightarrow Fe(Ⅳ) + SeO_4^{2-} \quad (3-49)$$

$$O_3Fe-O-SeO_3H^{3-} + HSeO_3^- \longrightarrow Fe(Ⅱ) + 2SeO_4^{2-} \quad (3-50)$$

$$Fe(Ⅳ) + HSeO_3^- \longrightarrow Fe(Ⅱ) + SeO_4^{2-} \quad (3-51)$$

$$Fe(Ⅳ) + Fe(Ⅱ) \longrightarrow 2Fe(Ⅲ) \quad (3-52)$$

表 3-2 列出了不同 pH 条件下，高铁酸盐氧化亚硒酸盐的速度常

数。溶液碱度提高，氧化还原反应速度降低。pH 低于 9 时，总反应包含一级 k_a 和二级 k_b 反应过程。

高铁酸盐氧化亚硒酸盐速度常数　　　　表 3-2

pH	k_a(L/(mol·s))	k_b(L²/(mol²·s))
8.44	25±2	500±50
8.52	15±1	310±20
8.65	14±1	100±10
8.80	9.8±1	96±8
8.93	6.7±0.5	37±4
9.52	1.6±0.1	
9.90	0.55±0.03	
10.25	0.37±0.02	
10.73	0.13±0.01	

注：反应条件为温度 25℃，0.05mol/L 磷酸盐缓冲溶液，高铁酸盐浓度 2×10^{-4} mol/L。

3.5 砷（Ⅲ）

地表水中砷主要来自于土壤的氧化侵蚀和含砷矿的还原溶解。有些地域，地表水中砷污染有加重的趋势。采用高铁酸盐氧化和絮凝能够有效去除地表水中的砷污染（Lee 等，2003）。在水中，砷（Ⅲ）和高铁酸根按式（3-53）～式（3-56）所示分解：

$$HFeO_4^- \rightleftharpoons H^+ + FeO_4^{2-} \quad pK=7.2 \qquad (3-53)$$

$$H_3AsO_3 \rightleftharpoons H^+ + H_2AsO_3^- \quad pK=9.2 \qquad (3-54)$$

$$H_2AsO_3^- \rightleftharpoons H^+ + HAsO_3^{2-} \quad pK=12.1 \qquad (3-55)$$

$$HAsO_3^{2-} \rightleftharpoons H^+ + AsO_3^{3-} \quad pK=12.7 \qquad (3-56)$$

氧化还原反应历程如式（3-57）～式（3-61）所示：

$$2HFe(Ⅵ)O_4^- + 2H_3As(Ⅲ)O \longleftrightarrow 2HO_3Fe\text{-}O\text{-}AsO_3H_3^- \qquad (3-57)$$

$$2HO_3Fe\text{-}O\text{-}AsO_3H_3^- \longrightarrow 2Fe(Ⅳ) + 2HAs(Ⅴ)O_4^{2-} \qquad (3-58)$$

$$Fe(Ⅳ) + H_3As(Ⅲ)O_3 \longrightarrow Fe(Ⅱ) + HAs(Ⅴ)O_4^- \qquad (3-59)$$

$$Fe(Ⅳ) + Fe(Ⅱ) \longrightarrow 2Fe(Ⅲ) \qquad (3-60)$$

总反应如式（3-61）所示：

$$2HFe(Ⅳ)O_4^- + 3H_3As(Ⅲ)O_3 \longrightarrow 2Fe(Ⅲ) + 3HAs(Ⅴ)O_4^{2-} \qquad (3-61)$$

高铁酸根先与 As（Ⅲ）形成加合物，氧化过程通过高铁酸根直接向 As（Ⅲ）中心原子转移氧原子。Fe（Ⅵ）-As（Ⅲ）加合物通过内部还原过程产生 Fe（Ⅳ）和 As（Ⅴ），Fe（Ⅳ）继续氧化 As（Ⅲ）被还原为 Fe（Ⅱ）。

高铁酸盐对砷的去除。高铁酸盐同样能够将 As（Ⅲ）从地表水中有效去除，少量高铁酸盐处理（2mg/L）可以将源水中 517μg/L 的砷消减至 50μg/L 以下。相对的，如采用三价铁盐处理，8mg/L 也只能将砷去除到 200μg/L 左右，去除率不到 50%。联合使用高铁酸盐与三价铁絮凝的效果更加明显，0.5mg/L 高铁酸盐氧化后采用 2～4mg/L 三价铁絮凝能够获得相当理想的砷去除率（90%以上）。这个也说明，高铁酸盐对砷的去除是氧化和絮凝综合作用的结果。从经济角度考虑，采用高铁酸盐预处理，结合普通混凝剂处理是治理砷污染的有效方法，如图 3-1 所示。

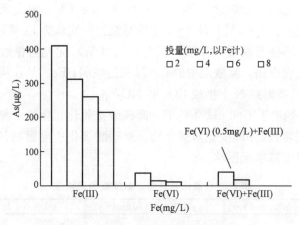

图 3-1 高铁酸盐对砷的去除

原水水质：砷浓度为 517μg/L，pH＝7.8，碱度 30mg/L（以 $CaCO_3$ 计），DOC4.45mg/L。

3.6 氰化物

氰化物是金属精炼、化学品加工和电镀行业废水中的主要污染物。氰化物在溶液中有三种性态：自由氰，如氰化氢等；氰化盐，如氰化钠或氰化钾；复合氰化物，如氰化镍和氰化铜。水中总氰包括游离和化合氰，但不包括氰酸盐和硫氰酸盐。一般废水中氰化物的去除采用碱性氯化法。高铁酸盐对水中氰化物的氧化过程经历一个自由基氧化过程，反应历程如式（3-62）～式（3-68）：

$$HFeO_4^- + HCN \longrightarrow H_2FeO_4^- + CN \cdot \quad (3-62)$$

$$HFeO_4^- + CN\cdot + OH^- \longrightarrow H_2FeO_4^- + CNO^- \qquad (3\text{-}63)$$

$$2H_2FeO_4^- \longleftrightarrow 2H^+ + 2HFeO_4^{2-} \quad pK \approx 7.2 \qquad (3\text{-}64)$$

$$HFeO_4^{2-} + HCN^- + H_2O \longrightarrow Fe(OH)_3 + CNO^- + OH^- \qquad (3\text{-}65)$$

$$HFeO_4^{2-} + 2CNO^- + 5/2 O_2 + 2H^+ \longrightarrow Fe(OH)_3 + 2NO_2^- + 2CO_2 \qquad (3\text{-}66)$$

$$2CO_2 + 2H_2O \longleftrightarrow 2H^+ + 2HCO_3^- \quad pK = 6.35 \qquad (3\text{-}67)$$

$$2FeO_4^{2-} + 3NO_2^- \longrightarrow 2Fe^{3+} + 2NO_3^- \qquad (3\text{-}68)$$

总反应如式（3-69）：

$$2HFeO_4^{2-} + 2HCN + 5/2 O_2 + H_2O + 2OH^- \longrightarrow$$
$$2Fe(OH)_3 + 2HCO_3^- + 2NO_2^- \qquad (3\text{-}69)$$

氰根和氰酸根会继续与 Fe（Ⅴ）反应，Fe（Ⅴ）氧化无机和有机化合物的速度比 Fe（Ⅵ）高 3～5 个数量级。一般认为 Fe（Ⅵ）因为反应活性低，不会与氰酸根反应。因此，Fe（Ⅴ）优先与氰酸根发生反应。由于共轭作用，氰酸根中的 C≡N 三键较弱，Fe（Ⅴ）从 C 上获得电子，OH^- 吸附到 N 上生成 CO_2 和 NO_2^-。

表 3-3 列出了不同 pH 条件下，高铁酸盐氧化氰化物、氰酸根和亚硝酸的速度常数。pH 变化对氰化物、亚硝酸氧化速度影响较大，对氰酸根氧化速度基本无影响。

高铁酸盐氧化氰化物、氰酸根和亚硝酸 表 3-3

pH	$k(L/(mol\cdot s))$	pH	$k(L/(mol\cdot s))$	pH	$k(L/(mol\cdot s))$
CN^- (22℃)		CNO^- (25℃)		NO_2^- (25℃)	
8.0	605±60	8.1	10.8±0.5	8.1	11.5±0.3
9.0	315±22	8.4	11.0±0.5	8.6	2.09±0.10
9.7	120±10	8.7	13.8±0.8	9.2	0.42±0.01
10.4	37.2±2.7	9.0	11.0±1.0	9.6	0.083±0.016
10.7	9.51±0.51	9.4	12.0±0.8	9.9	0.058±0.009
11.4	2.02±0.25				
12.0	0.90±0.08				

含氰废水的碱性氯化破氰是常规处理方法，但该方法使用不便、反应过程生成有毒中间产物。臭氧氧化法的臭氧投量大，建设费用高，也不是可取的处理方法。高铁酸盐表现出良好的反应速度，高铁酸盐对氰化物的氧化可以在几分钟内完成，生成无毒的 CO_2 和亚硝酸盐 NO_2^-，是一种有潜力的、安全可靠的废水破氰工艺。

Fe（Ⅴ）被氰根还原为 Fe（Ⅲ）的过程是 1 电子转移的氧化还原过程。Fe（Ⅳ）的氧化速度比 Fe（Ⅵ）高 2～4 个数量级。说明当高铁酸盐氧化过程的初期如果产生能发生 1 电子或 2 电子转移的还原性产物，则整个氧化过程有可能加速。Fe（Ⅴ）、Fe（Ⅳ）氧化氰的历程如式（3-70）～式（3-72）所示：

$$Fe(Ⅴ)+CN^-+H_2O \longrightarrow Fe(Ⅳ)+\cdot CONH_2 \qquad (3-70)$$

$$Fe(Ⅳ)+CN^-+H_2O \longrightarrow Fe(Ⅲ)+\cdot CONH_2 \qquad (3-71)$$

氧化中生成的烯醇自由基重新组合最终生成 $\cdot CONH_2$：

$$CN^-+\cdot OH \longrightarrow HO-\overset{\cdot}{C}=N \xrightarrow{H^+} HO-\dot{C}=N \longrightarrow \cdot CONH_2 \qquad (3-72)$$

3.7 硫氰酸盐

硫氰酸盐常用于多种工业过程中，如硫脲、照相洗印加工、金属分离和电镀等。许多工业和采矿废水中也因为自由氰和硫反应生成硫氰酸盐。另外，金矿浓缩液中高浓度的氰根的初级处理一般采用二氧化硫将 CN^- 转化为 SCN^-。硫氰酸根的毒性包括阻止向甲状腺、胃、角膜等输送卤素，以及阻碍各种酶的生成。

一般废水中硫氰酸盐的去除可采用生物法，活性污泥法可以去除 90%～99% 的硫氰酸盐，好氧生物降解可以将硫氰酸盐完全降解为氨氮、二氧化碳和硫。化学法除硫氰酸盐一般采用碱性液氯、过氧化氢、臭氧氧化法。工艺最简单的处理方法是碱性氯化法，但缺点是氯污染和其他有毒副产物。高铁酸盐可能是一种相对环境友好的氧化剂，在处理硫氰酸盐上具有一定的优势，其氧化硫氰酸根历程如式（3-73）～式（3-82）（Sharma 等，2002）：

$$HFeO_4^-+SCN^- \longrightarrow HFeO_4^{2-}+SCN\cdot \qquad (3-73)$$

$$SCN^-+SCN\cdot \longrightarrow (SCN)_2^{-\cdot} \qquad (3-74)$$

$$HFeO_4^-+(SCN)_2^{-\cdot} \longrightarrow HFeO_4^{2-}+(SCN)_2 \qquad (3-75)$$

$$(SCN)_2+OH^- \longrightarrow SCNOH+SCN^- \qquad (3-76)$$

$$HFeO_4^{2-}+HFeO_4^{2-}+4H_2O \longrightarrow 2Fe(OH)_3+4OH^-+O_2 \qquad (3-77)$$

$$2HFeO_4^-+3HOSCN+3H_2O \longrightarrow 2Fe(OH)_3+3HO_2SCN+2OH^- \qquad (3-78)$$

$$2HFeO_4^-+3HO_2SCN+3H_2O \longrightarrow 2Fe(OH)_3+3HO_3SCN+2OH^- \qquad (3-79)$$

$$3HO_3SCN + 6OH^- \longrightarrow 3SO_4^{2-} + 3HCN + 3H_2O \qquad (3-80)$$

$$2HFeO_4^- + 3HCN + OH^- \longrightarrow 2Fe(OH)_3 + 3CNO^- \qquad (3-81)$$

总反应是：

$$4HFeO_4^- + SCN^- + 5H_2O \longrightarrow 4Fe(OH)_3 + SO_4^{2-} + CNO^- + O_2 + 2OH^- \qquad (3-82)$$

表 3-4 为不同 pH 下高铁酸盐氧化硫氰酸盐的速度常数。pH 升高，反应速度下降。试验测得 Fe（V）比 Fe（Ⅵ）的氧化速度快 3 个数量级。因此，当体系中存在能发生 1 电子转移的还原剂时，如 Fe（Ⅱ）和 Cu（Ⅰ），高铁酸盐氧化硫氰酸盐的总速度会提高。

高铁酸盐氧化硫氰酸盐的速度常数（15℃）（Sharma 等，2002）　　表 3-4

pH	$k[L/(mol \cdot s)]$	pH	$k[L/(mol \cdot s)]$
7.61	687±70.1	9.20	11.0±0.69
8.03	378±25.1	9.79	4.00±0.41
8.44	168±9.22	10.05	1.18±0.16
8.86	47.4±2.26	10.35	0.57±0.16
8.97	39.2±4.76		

3.8 小结

高铁酸盐氧化既可以作为主要工艺，也可以作为辅助工艺用于含上面几种污染物的废水处理。用于受污染地表水处理时，需要与常用混凝剂联用。高铁酸盐氧化硫、氰、砷等反应速度快，与其他氧化剂相比一定程度上可以缩短处理时间。

需要注意的是，在酸性条件下高铁酸盐非常不稳定，自分解严重。虽然氧化还原电位高，但低 pH 环境下往往其氧化性不能得到全部发挥，造成浪费。实际中如源水 pH 过低，应调解至中性或弱碱性，保证高铁酸盐反应完全。

第4章 高铁酸盐处理含藻水

湖泊与水库是常用的地表饮用水源,其中通常含有较多的浮游生物。而近年来,由于水质污染严重在河流中藻类含量也有明显升高。高铁酸盐强氧化性能够迅速灭活水中的藻类细胞,降低藻活性,从而获得良好的除藻效果。在常规水处理工艺中,高铁酸盐可以代替预氯化除藻。

4.1 含藻水特性及除藻方法

水中藻类的大量繁殖主要是水中存在多种藻类生长需要的有机和无机物质。在最近的几十年中,随着工农业生产的高速发展,大量氮、磷等营养物质进入水体,为藻类繁殖提供了充足的营养来源。多数情况下,氮通过地表径流(面源),磷通过污水排放(点源)进入水体。加上充分的阳光,适宜的水温,在湖泊和水库的表层水中就可能大量繁殖藻类。由于水质污染的日益严重,在我国的许多河流中也出现了藻类含量高的情况。据调查,珠江、滇池、武汉东湖、安徽省巢湖等水体高藻期最高含藻量从 $6\times10^3 \sim 4\times10^{10}$ 个/L 不等。

4.1.1 含藻水特性

地表水环境中滋生的藻类主要有蓝藻、绿藻和硅藻等。蓝藻一般也叫做蓝绿藻,是机体构造最简单的一种藻类。蓝藻具有极大的适应性,可在极端不良的环境条件下生存,这些环境条件是其他植物所不能忍受的,因此蓝藻分布最广泛。蓝藻种类繁多,大约有150属,已知有2000种,代表性的有色球藻、颤藻、念珠藻等,大多在淡水中生活。硅藻生活在各种类型的水体中,也有许多生活在土壤中。淡水中的硅藻,一年四季都能生存,但在每年的寒冷季节往往大量繁殖生长,并可能使水体产生一种鱼腥气味。绿藻的分布仅次于蓝藻。各种大小水体、沟渠、池塘、溪流、湖泊等都有绿藻生存,是淡水水体中最常见的藻类。其代表藻类有衣藻、小球藻、栅列藻、丝藻、水绵等。

当藻类在水中繁殖的时候，通过它的生命活动，能影响和改变水的理化性质，水体的透明度、浑浊度和色度都与藻类有关。当藻类过量繁殖的时候，就可能改变水的性质和影响水的可利用性。通过二氧化碳的释放，它们可以干预水中的碳酸盐系统；通过氧气的释放，又可恢复水中氧气含量，使水中动物的呼吸和耗氧细胞的存在成为可能。藻类通过吸收和同化水中已溶解的有机物质，加速了水的自净过程。

藻类细胞在生命活动中会向体外释放一些物质。健康活泼的藻类细胞合成的有机碳只有5%存在于细胞内，而95%为细胞外有机物。藻类向外输送有机物主要通过3种形式：主动与被动的释放、自体分解、微生物外酶促成的细胞分解。所有这些物质主要包括碳水化合物、肽和有机酸，其中乙二醇酸含量相对较高。藻类排泄物中主要含有糖类和氨基酸，其中葡萄糖、半乳糖、麦芽糖和低聚糖较多，氨基酸所占比例相对较小。这些有机物使水产生色、嗅和味。在混凝过程中不同分子量的有机物对混凝过程有不同程度的影响。分子量小于2000道尔顿的胞外有机物几乎对絮凝没有影响，而高分子化合物却影响较大。当水中藻类胞外有机物浓度较低时，有可能起到助凝作用。

富营养化造成的水体中藻类过度繁殖会对水体的生态环境产生较大的危害，如恶化水体感官性状，破坏水中溶解氧平衡，使鱼类生活空间狭小从而影响渔业等。另外，一些藻类还可能分泌藻毒素，给人畜带来威胁。

水体中富含藻类也严重影响常规水处理工艺的处理效果，降低出水水质，增加制水成本。一方面，高含藻水需要额外增加混凝剂投量提高混凝沉淀除藻率。但藻类仍会堵塞滤池，降低滤池使用周期，同时增加了滤池的清洗难度。硅藻和一些蓝藻被认为是阻塞砂滤池的主要藻类。另一方面，一些藻类因形体微小，活性大等因素而难以被混凝、沉淀以及过滤过程截留，它们穿透滤池，破坏滤后水水质。

藻类穿透滤池后，会引起一系列的问题。首先，它们为一些微生物在供水系统内的滋生提供了条件。其次，藻类有机质消耗出厂水中的余氯，降低供水安全性，更为严重的是，藻类是典型的卤代有机物前驱物质，氯化消毒后会产生对人体有毒害作用的卤代有机物。此外，进入供水系统中的藻类如黄群藻，除自身产生难闻的气味外，在被放线菌和真菌分解时也会产生气味，引起供水系统中的水质恶化。总之，藻类会影响常规处理工艺的各个流程，是目前饮用水处理（尤其是采用湖泊、水库水为水源的水厂）比较棘手的问题。

4.1.2 水体藻类的控制

为治理湖泊、水库中大量滋生的藻类，改善水体生态环境，降低藻类对渔业等的危害，人们尝试了许多种方法。除了改善水体的生态环境，控制营养物质的排入之外，常用的控制藻类繁殖的方法是使用对藻类有毒性的化学药剂，其中常用的是使用硫酸铜来控制水体中藻类的生长，一般定期向水库或者湖泊中大面积地投加硫酸铜药剂即可。硫酸铜是使用时间最久、应用最广泛的一种除藻剂，已经有 80 年的使用历史，普遍认为硫酸铜是很有效的杀藻剂。硫酸铜对藻类有特殊的毒性，Cu（Ⅱ）能够减弱藻细胞的光合作用，抑制细胞分裂，削弱生物固氮作用，因此能显著地抑制藻细胞的生长。

不同藻门的藻类对 Cu（Ⅱ）毒性的承受程度不同，同门中不同属种的藻类也不相同，因此使用 Cu（Ⅱ）处理后，水体中浮游植物的组成及生物量都发生了变化。另外，Zn（Ⅱ）、Mn（Ⅱ）、Ni（Ⅱ）、Cd（Ⅱ）、Pb（Ⅱ）等对藻类的毒性也有相关报道。由于水体的 pH 影响水中重金属的存在形态，并且重金属对藻类的毒性同其存在形态相关，因此水体的 pH 和重金属的浓度梯度是影响水中藻类分布的重要因素。

使用氧化剂来控制水体中的藻类繁殖也有相关报道，一些研究者对高锰酸钾的杀藻效果进行了试验研究。结果表明，高锰酸钾对水体中的藻类有良好的灭活作用，并能灭活几种难以混凝处理的藻类。

4.1.3 含藻水的处理方法

1. 常规水处理工艺

常规的铝盐、铁盐混凝沉淀处理仍然是去除水中藻类的主要方法，并具有较高的除藻效率。但是当原水中存在大量藻类时，就会引起常规水处理工艺的许多问题。水中的一些藻类能引起嗅味，影响饮用水的感官性状；一些藻类会阻塞滤池，还有的藻类由于形体细小，可能会穿过滤池，造成滤后水的水质恶化。常规水处理工艺对藻类去除的局限主要是由于藻类细胞的负电性、尺寸细小、沉淀性差。

2. 气浮过滤法除藻

气浮法是另外一种除藻方法，其基本方法是先向水中加入混凝剂进行混凝反应，然后通入部分经加压溶气的水，水中溶解的气体由于压力降低形成微小气泡，吸附于絮体颗粒上，由浮力作用上升至上层水中，清水从气浮池下端收集。由于气浮法需要建设大型加压溶气设备，投资大、操作复杂。

3. 直接过滤法除藻

直接过滤法流程简单，造价低廉，节省药耗。国外一些学者进行了高锰酸钾预处理后接直接过滤以去除水中藻类的研究。现在国内已有水厂采取直接过滤方法处理含藻水。此方法运行中混凝剂投量不易控制，稍一疏忽就会导致出水恶化，且只适用于藻类含量较低的水质。

4. 微滤机过滤法

国内 1982 年在抚顺三水厂运行，优点是操作简单，维护方便。但微滤机比较适宜于去除硅藻，而对蓝藻的去除效果较差。

5. 预投氧化剂杀藻

预投氧化剂的目的在于杀灭藻类，使之易于被混凝剂混凝、沉淀，并能避免在后续处理构筑物中藻类的滋生、繁殖。预投氯虽然杀藻效果较好，但当水中总有机碳（TOC）含量超过 3mg/L 时，投氯后水中总三卤甲烷（TTHM）含量一般要超过 $100\mu g/L$。因此预投氯的使用受到了限制。

4.2 高铁酸盐预氧化除藻效果

试验中的天然含藻水取自夏季哈尔滨市内人工湖，湖水呈深绿色，藻类含量较高，水质指标见表 4-1。湖水中主要含有绿藻，如小球藻（Chlorella）、水绵（Spirogyra）、绿球藻（Chlorococoam）、栅列藻（Scenedesmus）等。

试验用湖泊水水质　　　　　　　　　　　表 4-1

温度(℃)	pH	藻类细胞浓度(个/L)	浊度(NTU)
15～18	7.5～7.7	8×10^6～2×10^7	10～30

试验中采用的含藻水一部分为人工培养。采取主要含有绿球藻和四尾栅藻的湖水进行分级培养，绿球藻和四尾栅藻是地面水中夏季常见的藻类，并且比较容易在实验室中培养。

藻类培养过程：首先配制适宜两种藻类生长的培养液，在小容积的玻璃容器中培养一段时间，在其藻类细胞浓度较高时转移至大容器中继续培养。无机培养液的浓度见表4-2，培养液中同时加入少量的土壤渗出液以刺激藻类的生长。培养温度 15±1℃，起始 pH 为 7.3，采用白炽灯和日光灯持续照明。每隔1d向容器中通入含 1% CO_2 的混合空气以保证藻类光合作用的需要。经过25d的培养后，培养液中的藻类细胞浓度为 $5.2\sim5.5\times10^8$ 个/L，pH=9.1，浊度 20~40NTU。

藻类培养液中各种无机盐类的浓度　　　　表 4-2

无机盐	KNO_3	$Ca(NO_3)_2$	$MgSO_4\cdot7H_2O$	KH_2PO_4	$FeCl_3$
浓度 (mg/L)	20	60	20	20	0.2

注：培养液中混合有 0.7% 的土壤渗出液。其制备方法是取 1kg 土壤，加入 1L 水煮沸 60min，冷却后沉淀，过滤后即为制得的土壤渗出液。

研究在实验室进行，取 500 mL 含藻水（天然湖泊水或人工培养的含藻水）置于 500 mL 的烧杯中，用六联定时搅拌器进行搅拌试验。并将高铁酸盐预氧化与单纯硫酸铝混凝沉淀的除藻效果进行对比。试验中先投加一定量的高铁酸盐同时快速搅拌（200rpm）一定时间；然后投加精制硫酸铝（$Al_2(SO_4)_3\cdot18H_2O$）快速搅拌 1min（200r/min）；降低速度（45rpm）搅拌 10min；沉淀 20min。在液面下 1cm 取上清液 100mL，镜检测定水样中的剩余藻类数目。在用天然湖泊水的搅拌试验中，沉淀后的水样进一步用滤纸过滤（$1\sim2\mu m$ 中速滤纸），同样测定水样中的剩余藻类数目。

水中藻体细胞形态和表面结构在处理前后的变化采用电子扫描显微镜（SEM）照相观察。样品准备过程：将未处理和处理后的水样各取一滴在干燥台上，干燥 2h。然后用 Eiko IB-3 型电子发射器向干燥后的水样上镀 150nm 的黄金。用 Hitachi S-520 型电子扫描显微镜观察，加速电压 15kV，并将藻类细胞照相以进行对比。

原水和处理过的水样经 $0.45\mu m$ 的醋酸纤维膜过滤后进行 200~320nm 的紫外扫描（吸光度以 UVA 表示），同时测定 254nm 处的紫外吸光度值（UV_{254}）。254nm 的吸光度值是水中天然有机物（NOM）的良好替代参数。水处理实际应用中，254nm 的吸光度值被用于监测水的 DOC。大多数有机物在紫外范围内有吸收，紫外扫描可以代表水中天然有机物的芳香化程度。在试验中 UVA 和 UV_{254} 用于指示处理前后水样的溶解性有机物（DOM）的变化。

图 4-1 为不同高铁酸盐投量对混凝除藻的影响，以沉淀和过滤后水中剩余藻类细胞去除率来初步评价高铁酸盐的除藻效果。从图中可以看

出，硫酸铝混凝能够部分去除水中的藻类，但是去除率较低。低硫酸铝投量下（20～50mg/L），可以达到20%～30%的藻类去除率，高投量下（80mg/L），能够去除50%的藻类（见图4-1（a））。在处理人工培养的含藻水的混凝过程中，在整个所选的硫酸铝投量范围内都有高于天然湖泊水的去除率，并且去除率随投量增加的趋势也比较明显。从图中可以看到，硫酸铝混凝去除率曲线有明显的折点，经过折点后去除率显

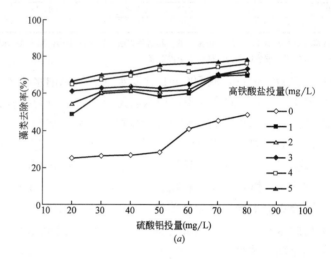

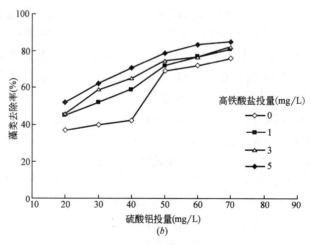

图4-1 高铁酸盐预氧化除藻效果
(a) 湖泊水；(b) 培养含藻水

著升高，天然湖泊水在硫酸铝投量 50~60mg/L，人工培养含藻水在硫酸铝投量 40~50mg/L 之间出现折点，这是由于铝盐和藻类细胞之间存在等电点的缘故。硫酸铝混凝沉淀处理含藻水存在较明显的最优投量区间。

从图中的曲线可以看出，高铁酸盐预氧化对天然湖泊水和人工培养含藻水的混凝处理有显著的促进作用。在试验所采用的硫酸铝投量范围内，高铁酸盐预氧化后的藻类去除率都高于单纯硫酸铝混凝沉淀的藻类去除率。甚至在低高铁酸盐投量下（1mg/L），也有显著的藻类去除效果。另外，从图中的曲线形状也可以看出，高铁酸盐预氧化的除藻效果随着硫酸铝投量的增加而呈上升的趋势，在处理人工培养含藻水的情况下更加明显。并且，高铁酸盐预氧化的藻类去除率曲线没有明显的折点，即没有明显的等电点存在，说明高铁酸盐预氧化后硫酸铝的最优投量范围得到拓宽。高铁酸盐预氧化大大提高了除藻效率，因此为达到某一需要的藻类去除率，在高铁酸盐预氧化后硫酸铝的投量较单纯硫酸铝混凝能够有所降低，节省投药量。随着高铁酸盐投量的增加，剩余藻类的去除率也随之提高。

水中的藻体细胞在一个较宽的 pH 范围内都带有负电荷。铁盐和铝盐的除藻机理是基于带正电荷的水解产物和藻类细胞之间的互相吸引和电中和作用。水中天然有机物对混凝过程有重要的影响。在水中存在天然有机物的情况下，混凝剂首先与水中天然的有机酸（腐殖酸、富里酸等）反应，并且只有在混凝剂的投量足够能中和天然有机物的表面电荷后，混凝剂才表现出电中和与吸附架桥作用，这也是富含天然有机物的湖泊水和人工培养的含藻水之间藻类去除率存在显著差别的原因。高铁酸盐预氧化对两种含藻水藻类去除率的促进作用也有很大的差别，这也是湖泊水中天然有机物的影响。

不同预氧化时间对藻类去除率的影响见图 4-2。从图中的对比可见，短时间（如 1min）的高铁酸盐预氧化就能大大提高藻类去除率，去除率随预氧化时间的延长而继续提高。但是在预氧化时间超过 1min 后，去除率提高幅度不大。高铁酸盐能够在短时间内作用于藻体细胞，改变其表面性质，从而提高后续的混凝效率。

高铁酸盐预氧化后过滤（1~2μm 滤纸）可使藻类去除率进一步提高（见图 4-3），过滤过程加强了高铁酸盐预氧化的除藻效率。滤纸过滤为单纯截留作用，高铁酸盐预氧化使未能在沉淀过程中去除的藻体细胞更容易被过滤截留。

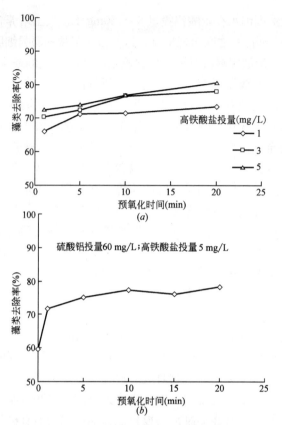

图 4-2 预氧化时间对沉后藻类去除率的影响
(a) 湖泊水；(b) 培养含藻水

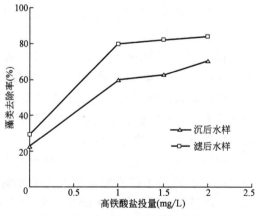

图 4-3 沉后、滤后藻类去除率对比

从图 4-4 看出，水样紫外吸光度值（UV_{254}）随投量的增加而逐步降低，指示水中有机物含量的逐步降低。高铁酸盐预氧化使 UV_{254} 大幅下降，与单纯硫酸铝混凝相比，最大幅度达近 18%，说明高铁酸盐预处理在强化除藻效果的同时能够提高有机物的去除率。

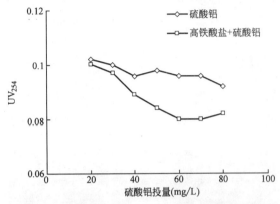

图 4-4　高铁酸盐处理对 UV_{254} 去除率的促进作用

4.3　高铁酸盐预氧化除藻机理

从前面的结果看，高铁酸盐对混凝的除藻效率有明显的促进作用，而沉淀和过滤后藻类去除率的显著差别也说明高铁酸盐氧化可能使藻体细胞的表面性质发生了变化，从而易于被混凝、沉淀过程去除，尤其是被过滤截留。

4.3.1　高铁酸盐对藻细胞表面结构的破坏

下面对比电子扫描显微镜观察到的高铁酸盐处理前后的藻体细胞，并深入探讨其除藻机理。显微镜中观察到培养液背景纯净，藻种比较单一，主要为绿球藻和栅列藻。典型的四尾栅藻如图 4-5 所示，每个单体具有 4 个细胞，在外侧的 2 个细胞的尾端并生着 2 根长刺。4 个细胞尺寸几乎相同。整个细胞体被鞘套包裹（这是指图中的网状外层），可以清楚看到细胞表层上的瘤状突起，这也是栅列藻的典型表层结构。每个细胞表面沿纵轴方向的条痕也清晰可见。活绿藻细胞呈椭圆形，细胞体外相对的长刺有规律地分布在细胞周围。图中的两种藻类细胞与活体细胞相比有一点收缩，这是由于在扫描观察的前处理干燥过程中造成的。

高铁酸盐氧化前后藻体细胞的电子扫描显微镜观察结果表明，高铁

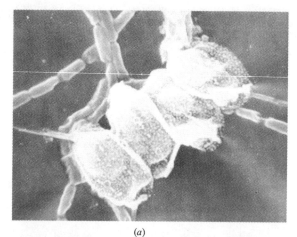

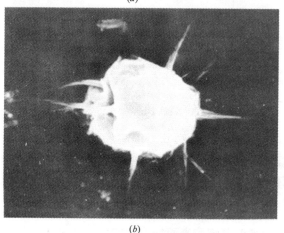

图 4-5　未处理的藻类细胞
(a) 四细胞的栅列藻，尾端细胞长有长刺；(b) 绿球藻周围规律地排列对生长刺
注：放大倍数：(a)×4000；(b)×8000

酸盐预氧化对藻体细胞的生命活动和细胞结构造成了一系列明显的影响。高铁酸盐的预处理造成了藻体细胞向周围的介质中释放了大量的胞内物质（图 4-6 (a)，4-7 (a)）。这种现象可能是由于高铁酸盐刺激了藻体细胞（图 4-6 (a)），造成其过度分泌胞内物质，或者是氧化作用破坏了细胞的鞘套（图 4-6 (a)）使其外壳开裂，从而造成藻类细胞胞内物质的外流。在进行生命活动过程中藻体细胞会向水中释放有机物质，不同种类及不同生长状态下的藻体细胞会向环境中释放出不同的有机物质。据报道，绿藻、兰绿藻和硅藻释放的胞外有机物具有阴离子或

4.3 高铁酸盐预氧化除藻机理

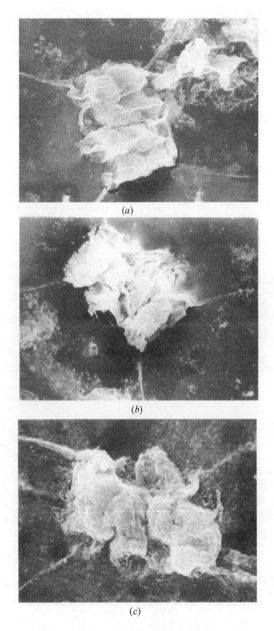

图 4-6 高铁酸盐预氧化处理后的栅列藻细胞
(a) 胞内物质释放；(b) 外部鞘套发生卷绕；(c) Fe(OH)$_3$ 胶体沉淀在藻细胞表面
注：放大倍数 (a)×4000；(b)×4000；(c)×6000

非离子型聚合电解质的作用。因此，可以推断高铁酸盐氧化引起的藻类生物多聚物会起到助凝剂的作用。

高铁酸盐氧化对藻体细胞的另一个作用就是造成了外部鞘套的强烈卷绕。照片（图 4-6（b），4-7（a））显示，细胞表面结构受到严重破坏，原来栅列藻的瘤状突起的排列消失，绿球藻外部的长刺脱落。

高铁酸盐的特点是其在氧化后会形成氢氧化铁胶体沉淀$Fe(OH)_3$。图 4-6（c）显示氢氧化铁的胶体沉淀到藻类细胞的表面。这些沉淀会明

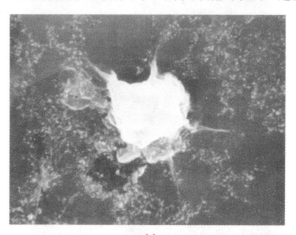

(a)

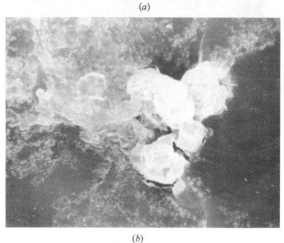

(b)

图 4-7　高铁酸盐预氧化处理后的绿球藻

(a) 释放胞内物质；(b) 细胞的聚集

注：放大倍数 (a)×7000；(b)×4000

4.3 高铁酸盐预氧化除藻机理

显改变藻类的表面性质,如藻类细胞的表面电性。一旦这些沉淀被吸附到藻细胞的表面,它们降低了藻类细胞的活动性并且增加了藻细胞的沉淀性。另外,湖泊水浊度较低,不利于混凝,氢氧化铁沉淀能够增加水中的颗粒浓度,并有助于后续的混凝过程。高铁酸盐预氧化后部分藻细胞发生聚集[图4-7(b)]。从显微摄影的结果可以看出,藻类细胞释放的胞内物质使它们发生聚集,氢氧化铁胶体沉淀的絮凝作用也会促进这种聚集,或者是这两者协同作用的结果使藻类细胞在混凝之前就发生初步的凝聚,从而易于被硫酸铝混凝沉淀。

从电子显微镜的扫描照片可以看出,高铁酸盐预氧化给藻类细胞的表面结构带来了一系列影响,破坏了藻细胞外部鞘套,造成细胞内物质向周围介质的释放,并改变其沉降性能。藻类的混凝、沉淀是基于硫酸铝水解产物的电中和原理,除了藻细胞的表面电性外,水中的溶解性有机物也是影响混凝效果的重要水质因素。高铁酸盐氧化造成的藻类细胞的胞内物质释放必然使水中的有机物浓度或者数量发生变化。

4.3.2 含藻水溶解性有机物变化

图4-8是在不同氧化时间下,高铁酸盐氧化和高铁酸盐预氧化后硫酸铝混凝两个处理方式水样紫外吸光度值(UV_{254})和高锰酸盐指数(COD_{Mn})变化情况。时间坐标0点为单独硫酸铝混凝对UV_{254}和高锰酸盐指数的去除。这里紫外吸光度值被用于指示高铁酸盐处理前后水中

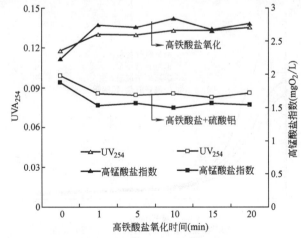

图4-8 高铁酸盐氧化与预氧化和高锰酸盐指数 UV_{254} 变化对比

溶解性有机物浓度的变化,它是一个影响混凝过程的重要因素。可以看出,含藻水的UV_{254}吸光度值在很短的氧化时间后有较大的升高(如1min,同图4-2的曲线形状相似),但随着氧化时间的延长吸光度值变化不大。高铁酸盐预氧化后用硫酸铝混凝沉淀的UV_{254}值低于单纯硫酸铝混凝,同样吸光度随时间的延长变化不明显。高锰酸盐指数也表现出同样的规律。

使用氧化剂从污水中去除藻类时会使溶解性有机碳(DOC)升高,使用O_3、ClO_2、Cl_2等氧化剂处理含藻水也会使DOC及UV_{254}升高,这说明氧化作用可能增加了含藻水中有机物浓度或者数量。从前面的照片对比可以推断,这些增加的有机物可能来源于藻类细胞在处理过程中过度分泌的胞内物质。高铁酸盐预氧化后用硫酸铝混凝后这些指标下降说明混凝过程可以去除这些增加量,并且低于单纯硫酸铝混凝。

从曲线形状可以看出,短时间(1min)内氧化就使UV_{254}和高锰酸盐指数发生较大的变化,而此时藻类的去除率也有很大的提高(见图4-9)。随着氧化时间的延长,4条曲线都趋于平缓。去除率随氧化时间的延长有缓慢的上升,代表有机物的UV_{254}曲线与去除率曲线形状相似,说明有机物浓度的变化可能影响藻类的去除效率,水中增加的有机物可能对藻类的去除有促进作用。

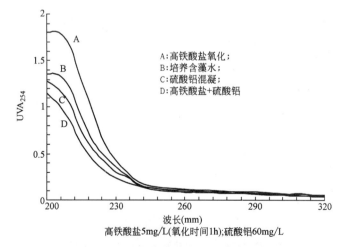

A:高铁酸盐氧化;
B:培养含藻水;
C:硫酸铝混凝;
D:高铁酸盐+硫酸铝

高铁酸盐5mg/L(氧化时间1h);硫酸铝60mg/L

图4-9 高铁酸盐预氧化对培养含藻水滤后UVA的影响

与图 4-8 相同，在波长为 200～320nm 之间 UVA 扫描值也表现出同样的变化规律（图 4-9）。经过高铁酸盐氧化后含藻水的紫外吸光度值整体升高。尤其是在 200～250 nm 波长范围内升高的幅度较大。硫酸铝混凝处理后 UVA 有一定程度的下降，但是幅度不大。高铁酸盐预氧化后用硫酸铝混凝则使 UVA 显著下降，低于单纯硫酸铝混凝。多数有机物在紫外区间都有吸收，紫外吸光度值曲线的整体升高，说明高铁酸盐氧化后藻类细胞可能释放出多种有机物而不是一种物质，或者是有机物带有双键的官能团数量增多。一般来说，200～250 nm 波长范围内的强吸收带可能是由于存在双键并处于共轭状态，高铁酸盐氧化可能使水中带有双键基团（如羰基等）的有机物浓度或数量增加，这些有机物可能是来自藻类细胞释放，也可能是高铁酸盐氧化有机物后生成。具有极性基团的有机物易于与混凝剂发生络合而被混凝去除，因而高铁酸盐预氧化后用硫酸铝混凝，水中的溶解性有机物（DOM）呈减少趋势。

进一步利用色质联机对上述 4 种水样进行分析，取一系列 2.5L 水样，进行单纯高铁酸盐氧化（氧化时间 1h）、单纯硫酸铝混凝、高铁酸盐预氧化后用硫酸铝混凝（氧化时间 1h）等不同的静态搅拌试验（混凝试验工艺同上），处理后水样经过 $0.45\mu m$ 的滤膜过滤，取 2L 滤后水样用 C18 吸附柱富集，用重蒸的乙醚 100mL 洗脱并浓缩至 1mL 待测。有机物分析采用 HP5890/5972 型色-质联用仪，分析过程及 GC/MS 工作条件见第 2 章。

将色质联机检测结果按照官能团分类，共分为烷烃、不饱和烃、苯系物、稠环芳烃、醇、酚、醛、酮、酸、酯、杂环化合物、含氮化合物、碳水化合物和有机硅化合物共 14 类（见表 4-3）。

虽然试验中采用的富集方法难以检测出水中的全部有机物，但从其检测结果的对比情况也可以看出高铁酸盐氧化后水中有机物种类的变化趋势。从图 4-10（a）可见，原水中在检出范围内的有机物数量较少，仅 40 种，浓度（以色谱峰面积计）较高的是苯系物、醇、酯、酮、含氮化合物等。高铁酸盐氧化后水中有机物增加 33 种，但是浓度却低于原水水平（见图 4-10（b））。醇类、酯类有机物数量增加较多，分别为 14 种和 6 种，碳水化合物增加 3 种，进一步证实高铁酸盐氧化使含藻水中的有机物数量增加，并且是由于藻类释放胞内物质所致。

由对比情况可见，高铁酸盐氧化后水中有机物数量增加明显，但经过混凝后大部分被去除。单纯高铁酸盐氧化后，有机物浓度降低，而

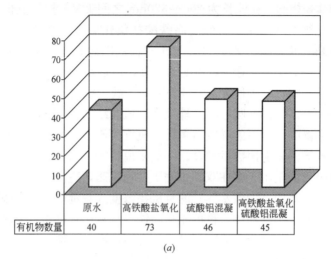

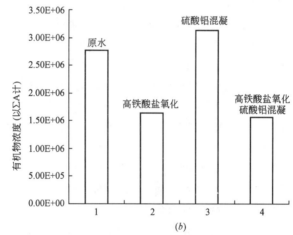

图 4-10 几种处理工艺的有机物数量和浓度变化对比

UV_{254}、UVA 却升高（见图 4-8，图 4-9），这是因为试验中的富集方法只能检测出水中小分子、低沸点的有机物，因而可以推断 UV_{254}、UVA 升高是由于藻类在高铁酸盐氧化刺激下释放出大分子有机物所致，该部分有机物未被色质联机检出。单纯硫酸铝混凝后色质联机检出有机物浓度升高，而 UV_{254}、UVA 降低，说明铝盐浓度增加也可能刺激藻类细胞释放出的大分子有机物，部分能够被混凝去除，由于铝盐混凝对溶解性有机物去除效率低，导致色质联机检出的有机物浓度升高。高铁酸盐预氧化后用硫酸铝混凝，水中有机物浓度及水样的 UV_{254}、UVA

4.3 高铁酸盐预氧化除藻机理

处理前后水中各类有机物浓度变化　　表 4-3

有机物类别	原水	高铁酸盐氧化	硫酸铝混凝	高铁酸盐+硫酸铝
烷烃	199984	343568	505355	376751
不饱和烃	63245	101892	85640	108382
苯系物	573293	300880	852522	452959
稠环芳烃	0	44590	71455	35452
醇	110899	220132	150627	158968
酚	51660	0	21610	0
醛	0	0	46871	0
酮	430692	22838	0	23416
有机酸	40820	15150	255714	22871
酯	216696	323180	183319	256310
杂环化合物	68683	18777	106647	0
含氮化合物	237301	133404	164364	37617
有机硅化合物	756677	74728	657595	51621
碳水化合物	14571	49307	27525	41388
合计	2764521	1648446	3130615	1565735

均降低，这是由于高铁酸盐对水中的有机污染物有良好的氧化去除作用，而藻类释放出的大分子有机物被混凝过程去除。可见高铁酸盐预氧化不仅能够提高藻类的去除效率，而且对水中的溶解性有机物也有良好的去除作用。

几种绿藻都能够向水中释放出几丁质纤维，另外藻类细胞还可能释放出除几丁质之外的其他有机物质。这些绿藻或者蓝绿藻释放出的胞内物质在水中会具有带负电荷或中性多聚电解质的性质，并因此而具有一定的絮凝作用。

综合前面的结果和分析，高铁酸盐预氧化对水中藻类细胞的作用机理可能是：高铁酸盐预氧化能够破坏藻细胞的表面结构，造成藻细胞表面鞘套的卷绕，并可能使细胞的外鞘开裂，致使胞内物质外流，刺激藻体细胞向其周围的介质中释放出胞内物质，这些有机物大部分是生物大分子有机物。高铁酸盐分解后产生的氢氧化铁胶体也可以被吸附在一些藻类细胞表面，在降低细胞的表面电荷的同时也增加了这些细胞的沉淀性。氢氧化铁胶体的吸附和胞内物质的絮凝作用在混凝之前就能够使部分藻类细胞发生凝聚，胞内物质在混凝过程中还能进一步起到助凝剂的作用。这是高铁酸盐预氧化具有优良除藻效果的重要原因。

4.3.3 腐殖酸的影响

在人工培养条件下,将自来水曝气,然后静置作为试验用原水。培养过程中仅加入了一定浓度的无机盐,培养液中溶解性的物质种类较少,有机物主要是藻类在生命活动中释放出来的生命物质。图4-11中湖泊水和人工培养含藻水混凝后藻类去除效果的差别,说明天然水中藻类的去除会受到水中其他因素的影响。硫酸铝对藻类的去除是基于电中和作用,而水中的腐殖酸等是影响混凝效果的重要因素之一。为进一步探讨高铁酸盐在天然水中的除藻机理,采用烧杯搅拌试验考察了腐殖酸对高铁酸盐预氧化除藻效能的影响。

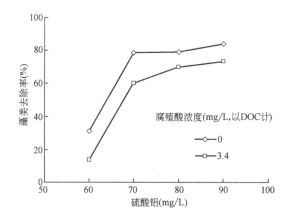

图 4-11 腐殖酸对硫酸铝除藻效果的影响
原水水质:含藻量 $5.2\sim5.5\times10^8$ 个/L;pH=7.1;温度=15±1℃。

腐殖酸采用从英国北部高地水中提取的腐殖酸。称取一定量腐殖酸固体溶于蒸馏水中,用超声波粉碎,并在50℃水浴中溶解12h,再以 $0.45\mu m$ 醋酸纤维膜过滤,除去不溶物,定容成储备液备用,使用时加入到含藻水中。含藻水的pH值通过加入一定量的盐酸调节。

图4-12为腐殖酸对藻类去除率的影响。腐殖酸的存在对藻类细胞的混凝去除有明显阻碍作用,5.4mg/L(以DOC计)的腐殖酸使硫酸铝混凝、沉淀后水中余藻去除率降低近1倍;并且除藻效率的下降随腐殖酸浓度的增加而愈加明显。混凝过程中絮体生成缓慢,絮体细小,且不易长大。这说明水中的腐殖酸阻碍了藻类细胞的混凝。腐殖酸对混凝除藻的阻碍作用可能是因为腐殖酸使水中负电荷密度增加,混凝剂需要

4.3 高铁酸盐预氧化除藻机理

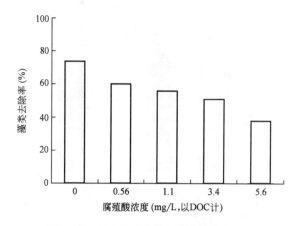

图 4-12 腐殖酸对硫酸铝除藻效率的影响

原水水质：含藻量 $5.2 \sim 5.5 \times 10^8$ 个/L；pH＝7.1；温度＝15±1℃；硫酸铝投量：80mg/L。

中和腐殖酸的表面电荷，然后才表现出混凝作用；或者是由于水中的腐殖酸分子中离子化的酚羟基与混凝剂部分水解的铝离子形成可溶的络合物存在于水中，从而降低了混凝效率，增加了混凝剂投量。

图 4-13 为高铁酸盐预处理和单纯硫酸铝混凝沉淀对藻类去除率的对比情况。从图中可以看出，无论水中存在腐殖酸与否，高铁酸盐预氧化处理都有优于单纯硫酸铝混凝沉淀处理的除藻效率。而水中存在腐殖酸时高铁酸盐预氧化处理的除藻优势更加明显，远高于水中不存在腐殖酸的情况，尤其在硫酸铝的投量较低时［图 4-13（a）］。这个现象同前面试验中得到的结果相近，见图 4-1。随着硫酸铝投量增加，高铁酸盐预处理的除藻优势减小。硫酸铝投量为 70mg/L 时，高铁酸盐预氧化处理后的沉后余藻量（66％）相当于 80mg/L 硫酸铝混凝处理后的除藻水平（去除率 70％），可见为达到同样的除藻效果，高铁酸盐预氧化处理可以大大降低混凝剂投量。

图 4-14 为高铁酸盐预氧化除藻效率随水中腐殖酸浓度（0.56～5.6mg/L，以 DOC 计）变化的规律，并与单纯硫酸铝除藻作用进行对比。可以看出，单纯硫酸铝混凝、沉淀的除藻效果受腐殖酸的影响较大，硫酸铝投量为 70mg/L 时，低浓度的腐殖酸（0.56mg/L，以 DOC 计）即可使其除藻效率迅速下降，腐殖酸浓度增加，除藻效率继续下降；低投量的高铁酸盐（1mg/L、3mg/L）除藻效率受腐殖酸的影响也很大，高铁酸盐投量为 5mg/L 时，腐殖酸对除藻的阻碍作用变得较不

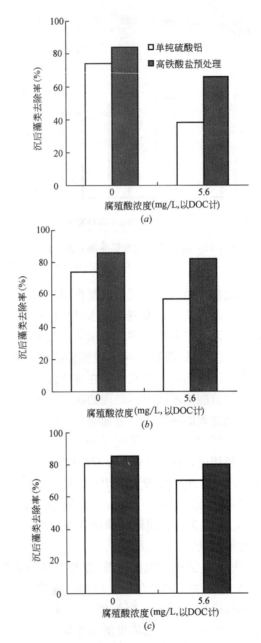

图 4-13 腐殖酸对除藻率影响

(a) 硫酸铝投量＝60mg/L；(b) 硫酸铝投量＝70mg/L；(c) 硫酸铝投量＝80mg/L

原水水质：含藻量 $5.2\sim5.5\times10^8$ 个/L；pH＝7.1；温度＝15±1℃。

4.3 高铁酸盐预氧化除藻机理

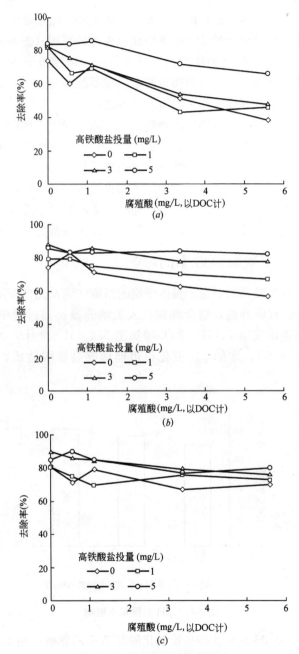

图 4-14 腐殖酸对除藻率影响

(a) 硫酸铝投量＝60mg/L；(b) 硫酸铝投量＝70mg/L；(c) 硫酸铝投量＝80mg/L
原水水质：浊度 20～40NTU；含藻量 $5.2～5.5×10^8$ 个/L；pH=7.1；温度=15±1℃。

明显,除藻效率曲线随腐殖酸浓度增加下降缓慢。增加硫酸铝投量,低投量的高铁酸盐预氧化的除藻效率曲线也变得较平缓(图 4-14 (b),图 4-14 (c))。在试验所选的硫酸铝投量及腐殖酸浓度范围内,高铁酸盐预氧化处理表现出良好的抵消腐殖酸阻碍混凝除藻的作用,这也是高铁酸盐预氧化具有良好除藻作用的重要原因之一。

高铁酸盐预氧化可以消除腐殖酸对混凝除藻的阻碍作用可能是由于以下原因:(1)高铁酸盐氧化破坏腐殖酸的酚羟基等酸性基团,降低腐殖酸的表面电荷密度;并减少腐殖酸与铝离子的络合;(2)高铁酸盐在分解过程中形成的带高正电荷的中间产物也可能起到中和腐殖酸表面电荷的作用。由于高铁酸盐预氧化有可能部分中和腐殖酸的表面电荷,提高了混凝剂的利用率,从而提高了混凝剂对藻类细胞的混凝去除效率。

4.4 pH 对混凝除藻效率的影响

水体中滋生藻类时,由于藻体细胞的新陈代谢及光合作用,常常使水体的 pH 值有所升高,这个现象在人工培养藻类的过程中也曾观察到,水中藻类浓度由 7×10^5 个/L 增加至 5.2×10^8 个/L,水的 pH 值由 7.3 升高到 9.1。水的 pH 变化也可能影响高铁酸盐预氧化的除藻效果。

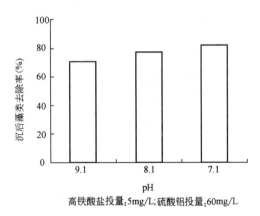

图 4-15 pH 对除藻率影响

图 4-15 为 pH 对高铁酸盐预氧化除藻效率的影响,用 0.1mol HCl 调节原水 pH。水中 pH 值的降低对高铁酸盐预氧化除藻效率有促进作用,除藻效率随 pH 值降低而增高,pH 值为 7.05 时的除藻效率比 pH

值为 9.1 时提高 12%。当水中加入腐殖酸时，pH 对高铁酸盐除藻效率的影响仍然存在，见图 4-16。

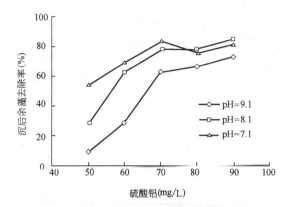

图 4-16　pH 对高铁酸盐预氧化除藻的影响（存在腐殖酸）
高铁酸盐投量：5mg/L；腐殖酸浓度（以 DOC 计）：5.4mg/L。

从图中试验结果可以看出，低混凝剂投量时，水的 pH 值降低，沉后藻类去除率显著升高；混凝剂投量增加，沉后藻类去除率增加量减小。pH 为 7.1 时，60mg/L 硫酸铝混凝的沉后藻类去除率甚至高于 pH 为 9.1 时 90mg/L 硫酸铝混凝的沉后藻类去除率。为达到同样的除藻效果，适当降低水的 pH 值可以节省混凝剂投量。pH 值对高铁酸盐预氧化处理除藻率的影响是由于以下几方面原因：

（1）pH 值降低，高铁酸盐的氧化还原电位提高（高铁酸盐的氧化还原电位在酸性条件下为 2.2V，碱性条件下为 0.7V），从而提高了对藻体细胞的灭活作用及对水中腐殖酸的去除作用；

（2）藻类的电荷密度和 ξ 电位在 pH 值在 7～8 之间最小，易于混凝沉淀；

（3）硫酸铝的最优混凝条件是 pH 值为 5 左右，降低水的 pH 值有利于混凝。

因此，在实际处理含藻水的过程中，当原水的 pH 值较高时，适当的酸化有利于高铁酸盐预氧化对藻类的去除。

图 4-17 为高铁酸盐预氧化的除藻效率随预氧化时间的变化曲线。当水中不含腐殖酸时，高铁酸盐预氧化在短时间内即可使除藻效率大幅度提高，但延长预氧化时间，去除率提高幅度不大。不同 pH 值条件下的试验结果都表现出同样的规律，说明高铁酸盐对藻类细胞的灭活作用

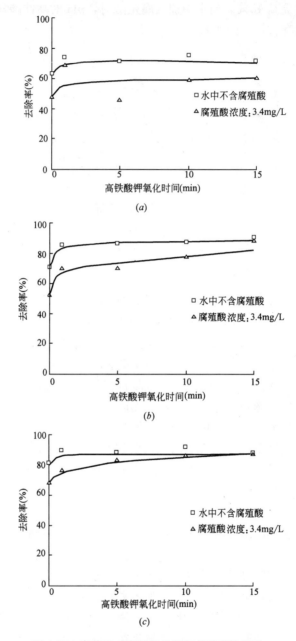

图 4-17 腐殖酸对高铁酸盐预氧化除藻的影响
(a) pH=9.1；(b) pH=8.1；(c) pH=7.1

在短时间内即可完成。而水中存在腐殖酸时,高铁酸盐预氧化的除藻效率随预氧化时间的延长持续升高,低 pH 值条件下(图 4-17(c)),规律更加明显。水中存在腐殖酸时,延长预氧化时间主要是提高了高铁酸盐对腐殖酸的去除能力,更好地消除了腐殖酸对混凝的阻碍作用,从而提高藻类的混凝去除效率。

4.5 高铁酸盐预氧化与预氯化除藻效果对比

预氯化是一种在湖泊、水库水藻类爆发期水厂常采用的处理手段。氯能够迅速杀灭藻类细胞,使其失去活性从而被后续的物化处理工艺去除。同时,预氯化还有一定的出色、除味的作用。一般预氯化可以用在

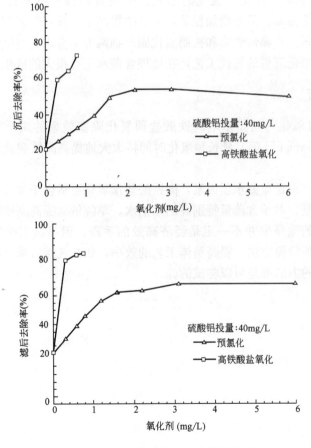

图 4-18 高铁酸盐、氯除藻效果对比

常规混凝沉淀工艺前，如专用于处理藻类含量高的地表水，后续可以接微絮凝过滤或者气浮工艺，以提高藻类去除率。

出于对氯代消毒副产物控制方面的考虑，常规工艺中采用预氯化对水质安全性的影响越来越受到重视。预氧化方式是一种经济、有效的除藻手段，高铁酸盐预氧化显著提高常规工艺除藻效率。在处理一种含藻地表水中的试验发现，高铁酸盐具有比预氯化更加优良的除藻效果，见图 4-18。1～6 mg/L 的氯可以将藻类去除率提高 1 倍，滤后去除率进一步提高。高铁酸盐预氧化效果显著，能够将除藻率由 20% 左右提高至 60%，滤后提高到 80% 以上。从图中曲线可以看出，继续提高氯投量，除藻率升高缓慢，2～3mg/L 即可以达到预氯化的最高除藻效率。加大氯投量意义不大，这是预氯化的不足。低投量的高铁酸盐即能达到 80% 的滤后除藻率，虽然增加投量，去除率提高不明显，但较预氯化而言，效果显著。从除藻效率和控制氯代副产物两方面考虑，高铁酸盐预氧化都是预氯化理想的替代工艺，在处理含藻水上有很大的应用潜力。

4.6 小结

pH 和预氧化时间是影响高铁酸盐预氧化除藻效果的两个重要因素，适当地降低 pH 值、延长预氧化时间将大大地提高高铁酸盐预氧化除藻效率。

藻类含量也是重要水质因素，高铁酸盐预氧化更适合于难处理含藻水的强化混凝。对于含藻量特别高的湖泊水，单纯依靠提高高铁酸盐投量取得较高的除藻率并不一定是经济高效的手段。但可以根据实际情况，结合其他除藻方法，提高整体工艺的效率，如在气浮后采用高铁酸盐氧化过滤的方法都是可以尝试的。

第 5 章 高铁酸盐去除金属污染物

　　重金属是对人体危害较大的一类重要污染物。它们易在生物体内积累，毒性随形态而异，不能被生物降解而消除，这些特点使得重金属的污染问题显得特别突出。与其他有机物质不同，重金属一般不能借助于天然过程从水生态系中除掉。如何有效去除饮用水源中的重金属污染是给水处理中需要迫切解决的问题。本章将阐述高铁酸盐去除金属污染物效能。

5.1 高铁酸盐去除重金属

5.1.1 天然水中的重金属

　　水体中的重金属污染主要是由于工业废水，如电镀废水、颜料废水、电子工业废水、合金工业废水等排入水体造成的。其中汞、镉、铅等是地面水中经常发生的重金属污染，毒性大、对人体危害重，它们也是饮用水水质标准中应该严格控制的污染物质。重金属离子在进入水体后可能与腐殖质或黏土等络合沉淀，造成河流、湖泊等底泥中重金属含量增加。在一定条件下，这些重金属可能从底泥中析出。

　　重金属中毒机理从生物无机化学观点来看主要是：(1) 妨碍生物大分子的重要生物功能；(2) 取代生物大分子中的必要元素；(3) 改变生物大分子活性部位的构造。重金属对人体危害较大、后果严重，而且重金属易于在生物体内积累，发病的潜伏期较长，一旦发病则极难治愈。长期饮用重金属含量高的水就会导致慢性中毒症状的发生，因而各国对饮用水中各种重金属浓度做了严格的限制。

　　水环境中的物种形成与元素存在的具体物理化学形态有关。在环境污染研究中，人们已经从研究某种有害物质的总量，进一步深入到研究其存在的化学形态。对水环境中的重金属来说，研究其形态比金属的总浓度更为重要。

表 5-1 列出了以粒度大小为基础的重金属 5 种性态。将颗粒物从溶解态金属中分离出来的第一步是用孔径为 $0.45\mu m$ 的膜过滤。溶解态金属离子能进一步被分为：

(1) 简单的水合金属离子；
(2) 与无机阴离子络合的金属离子，如 $CuCO_3$；
(3) 与有机配位体如氨基酸、富里酸和腐殖酸络合的金属离子。

水中金属组分的种类   表 5-1

金属组分	直径范围(μm)	实例
游离水合离子	<0.001	$Fe(H_2O)_6^{3+}$, $Cu(H_2O)_6^{2+}$
络合离子		AsO_4^{3-}, UO_2^{2+}, VO_3^-
无机离子对和络合物		$CuOH^+$, $CuCO_3$, $Pb(CO_3)_2^{2-}$
有机络合物，螯合物及化合物	0.001	$Me—OOCR^{n+}$, HgR_2
与高分子有机物结合的金属	0.01	Me—腐殖酸/富里酸聚合物
高度分散的胶体	0.01~0.1	$FeOOH$, $Mn(\text{IV})$ 水合氧化物
吸附在胶体上的金属	0.1	$Me \cdot H_2O^{n+}$, $Me_m(OH)_n$, $MeCO_3$ 等
沉淀无机颗粒，有机颗粒物 存在于活的和死的生物体中的金属	>0.1	$ZnSiO_3$, $CuCO_3$, CdS 藻类中的金属

注："Me"表示金属，"R"表示烷基。

铁、锰的水合氧化物，特别是在氧化条件下对氧化还原很敏感的 Fe 和 Mn 的氢氧化物和氧化物，是水系统中重金属的重要吸附质。在发生氧化作用的水系中，水合铁锰氧化物是重金属富集的良好载体。这些氢氧化物和氧化物很容易吸着或共沉淀阴、阳离子；活性较高的铁、锰氧化物比表面积很大，MnO_2 的比表面积为 $300m^2/g$，$FeOOH$ 的比表面积为 $230\sim320m^2/g$，即使水中含有很少量的铁、锰氧化物，也能对水系统中重金属的分布起控制作用。对于严重污染的水体，水合铁、锰氧化物可以通过吸附与共沉淀作用富集水中的重金属离子。在土壤中，有 30%~60% 的锌被铁、锰氧化物所吸附，被黏土吸附的量为 20%~45%。

5.1.2 铅、镉、铜、锌的去除

原水取自松花江水。试验期间原水的典型水质如表 5-2 所示。由于原水中这几种重金属的含量较低，为使处理后的对比结果明显，向原水中强化加入一定量的 Pb^{2+}($250\mu g/L$)，Cd^{2+}($50\mu g/L$)，Cu^{2+}($2.5mg/L$)，Zn^{2+}($2.65mg/L$) 离子（重金属离子的投加浓度为饮用水水质标

试验用地表水水质　　　　　　　　表 5-2

指标	浊度(NTU)	色度(度)	pH	高锰酸盐指数(mg/L)	碱度(mg/L,CaCO$_3$)
浓度	10～20	15～30	6.8～7.1	10～12	50～60

准的 3～5 倍），混合均匀，放置 48h 后进行试验，试验前测定重金属浓度。试验分为烧杯搅拌试验和振荡吸附试验两部分，具体步骤见第 3 章。出水采用原子吸收分光光度法测定滤后水中的重金属含量。

高铁酸钾预处理对铅、镉、铜、锌的去除曲线见图 5-1。高铁酸钾

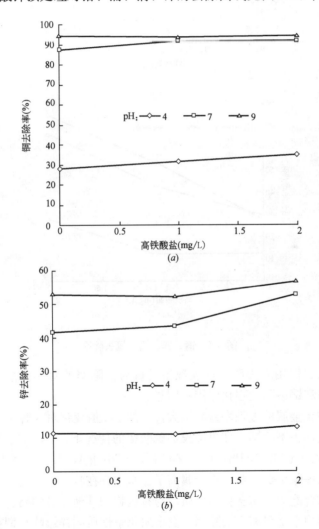

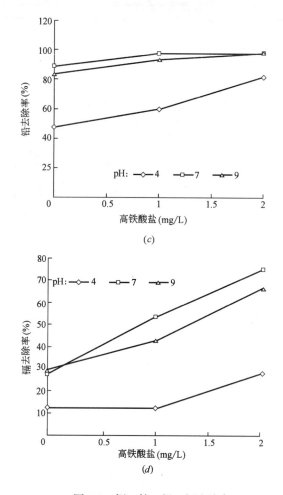

图 5-1 铜、锌、铅、镉去除率

对镉的去除作用最为明显，表现出投量与去除率的对应关系。其次为铅，对锌和铜去除的强化作用不明显。

几种重金属的去除率差异很大，水的 pH 值变化对 4 种重金属去除率的影响也各不相同。在单纯投加硫酸铝的情况下，4 种重金属的去除率依次为：Cu(Ⅱ)＞Pb(Ⅱ)＞Zn(Ⅱ)＞Cd(Ⅱ)，其中在酸性条件下时，铜的去除率低于铅。重金属离子在水中存在状态、它们与水中各种离子的结合能力、结合物的性质、与有机物和其他颗粒的络合吸附能力都可能影响重金属离子去除率。重金属化学性质同样影响它们在水中的吸附行为。锌和镉同属于第二副族元素，化学性质相近，因此在同样的水质条件下，其去除率较为接近。

高铁酸盐去除水中重金属主要是由于其在水中分解后产生的氢氧化铁胶体沉淀的吸附和共沉作用。对 4 种重金属的去除率依次为：Cu(Ⅱ)＞Pb(Ⅱ)＞Cd(Ⅱ)＞Zn(Ⅱ)，其中铜和铅的去除率相当，锌的去除率提高较小。高铁酸钾对铅和镉的去除有较大的促进作用，对镉去除效果的促进尤其显著。镉在单纯硫酸铝混凝时的去除率是最低的，高铁酸钾预处理能够使去除率提高 1 倍多，投量增加去除率继续提高。铜和铅的去除率提高幅度较小。与铅和镉相比，氢氧化铁胶体对铜和锌的吸附能力较弱一些。

铅、镉、铜、锌在水合铁锰氧化物上的吸附遵循 Langmuir 吸附模型，水中各种物质对铅、镉、铜、锌等重金属的吸附容量见表 5-3。铁氧化物对铅和镉的吸附容量要高于铜和锌，试验结果表明，高铁酸钾预处理对铅和镉表现出更高的去除率，说明高铁酸钾分解后的水解产物对铅、镉的吸附作用较好，其吸附性质与铁氧化物相近。

水中吸附物质对铅、镉、铜、锌的吸附容量（μmol/g）　　表 5-3

吸附质	铅	镉	铜	锌
铁氧化物	2400	5	130	5～600
锰氧化物	2700	17～2000	1670	34～500
黏土	～40	0.1～460	6	6.1～560
有机物	300～500	5.6～190	200	12180

溶液的 pH 值是重金属去除率的一个重要影响因素。酸性条件（pH＝4）下的去除率都比较低，而在碱性条件下的去除率要比酸性条件下高得多。因为在不同的 pH 环境下，重金属以不同的水解产物形态存在，这会对重金属的去除率产生影响。一般重金属在水中 OH^- 离子较多的情况下，都可能生成重金属氢氧化物沉淀，重金属的氢氧化物容易被水合二氧化锰吸附去除。对于氢氧化物沉淀，最小溶度积值发生在 pH＝9～12 之间，pH 值的降低能使溶解度明显增加；在中性溶液中，溶解度可以增加几个数量级，而在 pH＝4 时大部分可以完全溶解。pH 值影响重金属化合物在水中的分布，主要原因是 pH 值是影响水中重金属形态的重要因素。利用不同吸附剂去除水中的重金属的研究都发现，重金属的去除率与 pH 值有密切的关系。

5.1.3 pH对去除率的影响

不同pH条件下高铁酸盐预处理对水中Pb(Ⅱ)、Cd(Ⅱ)、Cu(Ⅱ)、Zn(Ⅱ)的去除率曲线见图5-2。由图可见，单纯硫酸铝混凝对水中的重金属离子均有一定的去除作用。酸性条件下去除率较低，随着pH值升高，去除效率提高。四种重金属的去除率曲线均表现出随pH提高而上升的趋势，但它们的形状并不完全相似。

单纯硫酸铝混凝与高铁酸盐对铜的去除率曲线基本相似，都呈明显的S型，并且在pH=5～8范围时去除率迅速从20%左右上升到90%

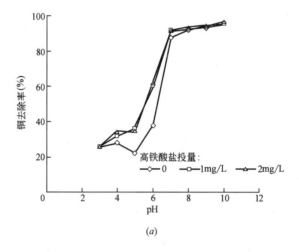

(a)

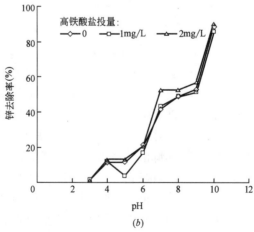

(b)

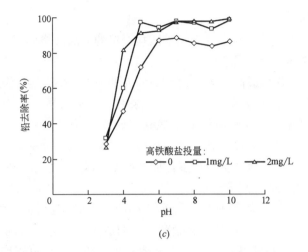

(c)

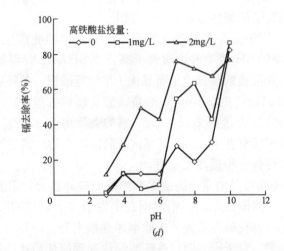

(d)

图 5-2　pH 对铜、锌、铅、镉去除率的影响

以上（图 5-2（a））。将单纯硫酸铝混凝与高铁酸盐预处理除铜的曲线进行对比，发现在 pH<8 范围内，高铁酸盐预处理能够使铜的去除率提高 5%～10%，当 pH>8，高铁酸盐预处理对铜的去除没有明显的优势，高铁酸盐的投量变化对铜的去除率也没有显著影响。

锌的去除率曲线随 pH 升高而缓慢上升，在 pH=7 时，单纯硫酸铝混凝能够去除近 50% 的锌，高铁酸盐预处理对锌的强化去除没有明显效果（图 5-2（b））。在锌的去除率曲线上 pH<6 时去除率较低，pH>6 则去除率上升较快，值得注意的是在 pH=5～7 时出现了去除率增长缓慢的区域。

图 5-2（c）为不同 pH 下高铁酸盐对铅的去除效率曲线。单独硫酸铝混凝对铅的去除效果随 pH 值的提高呈明显上升的趋势。在 pH=3～6 范围内，去除率提高显著，由 pH=3 时的 20.1% 提高到 pH=6 时的 87.3%，继续提高水样的 pH 值，去除率变化不明显，保持在 85% 左右。由此可见，单纯硫酸铝混凝能获得较高的铅去除率的 pH 范围为 pH>6。高铁酸盐预处理优于单纯硫酸铝混凝时的去除率，在 pH=3～4 时就能使铅的去除率提高很多，如 2mg/L 高铁酸盐可以在 pH=4 时就使铅的去除率达到 86.9%，pH 值升高到 5 时，铅的去除率就达到 97% 以上。高铁酸盐除铅使达到较好去除率的 pH 范围扩大为 pH>4。这是因为当 pH>3.5，高铁酸盐在水中均能生成可有效吸附水中的 Pb（Ⅱ）的水合二氧化锰，所以高铁酸盐对铅在整个 pH 范围内都有较高的去除率，拓宽了硫酸铝除铅的 pH 范围。

镉的去除率曲线不同于铅（图 5-2（d）），单纯硫酸铝混凝对 Cd（Ⅱ）的去除率随 pH 值上升而缓慢提高，当 pH>10 时得到比较好的去除效果。高铁酸盐的除镉效果明显优于单纯硫酸铝，并随着投量的增加而提高。如 pH=7 时，1mg/L 的高铁酸盐能够去除 50% 左右的 Cd（Ⅱ），当高铁酸盐投量为 2mg/L 时，镉的去除率为 88% 左右。可见，高铁酸盐预处理能够在中性 pH 范围内就获得较好的除镉效果，高铁酸盐投量的增加可进一步提高去除率。

pH 值对不同种类的重金属去除率影响的差异较大，主要是表现在最优去除率 pH 范围的不同。铅和铜在中性条件下就能有较高的去除率，而锌和镉只有在碱性条件下去除率才逐渐上升，pH>11 时才能有较满意的去除率。对于铅、镉，高铁酸钾预处理能使最优去除率的 pH 范围拓宽；对于铜、锌，预处理工艺的作用不太明显。但从总体趋势看，pH 对采用预处理工艺重金属去除率的影响与单纯硫酸铝混凝时很相似。可以推测，pH 对去除率的影响主要是因为 pH 变化影响了重金属在水中的存在形式，即各种水解产物的形式及分布发生了较大的变化，并因此影响其吸附去除效率。

5.1.4　吸附作用机理

高铁酸盐预处理与硫酸铝混凝去除重金属离子的机理存在差异。硫酸铝对水中重金属的去除主要是通过其在水中的水解产物的吸附作用。见图 5-3，在 pH<4 的弱酸性条件下，水中主要以 Al^{3+} 为主。pH 升高，Al^{3+} 水解生成少量的 $AlOH^{2+}$，pH 继续升高到 4.5 时，生成大量的 $Al_8(OH)_{20}^{4+}$，这种水解产物只在很短的 pH 区间内存在，当 pH>5 时，水中的水解产物则主要为 $Al(OH)_3$ 胶体沉淀。当水中主要为 Al^{3+} 离子时，此时硫酸铝对水中重金属的去除效率较低。pH>5 时，水中铝盐的水解产物浓度增加，硫酸铝对重金属的去除效率随之提高。

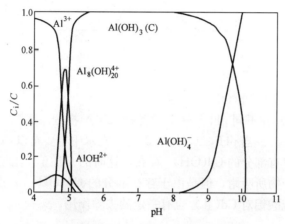

图 5-3　不同 pH 下 Al(Ⅲ) 水解产物的分布

但是即使 pH>5，在一定 pH 范围内硫酸铝对两种重金属的去除效率仍然较低，只有当 pH 提高到一定值后去除效率才有明显的改善，尤其是镉的去除效率，这种现象是因为 pH 变化使铅、镉在水中的形态发生了变化而影响了其与铝盐水解产物的吸附。

图 5-4 为 Pb(Ⅱ) 在水中的水解分布情况。从图中的曲线可以看出，pH=6 左右为 Pb^{2+} 和 $Pb(OH)^+$ 两种离子浓度的分界点，在中性条件下水中主要以 $Pb(OH)^+$ 为主。在酸性条件下，腐殖物质能与 Pb^{2+} 形成较稳定的螯合物而难于被吸附；当水体的 pH>6 时，Pb^{2+} 离子即发生水解形成 $Pb(OH)^+$ 的水解产物，$Pb_3(PO_4)_2$ 和 $PbSO_4$ 等难溶盐也会发生水解生成可溶性 $Pb(OH)^+$，此时水中 $Pb(OH)^+$ 的形态占优势，这时水中的 Pb(Ⅱ) 更易于与 $Al(OH)_3$ 胶体发生桥联而被吸附；pH>6.5 时，无机水合氧化物强烈吸附 Pb^{2+}（发生与腐殖酸竞争的情况）而更容易被吸附去除；当 pH>10 时，Pb(Ⅱ) 会形成

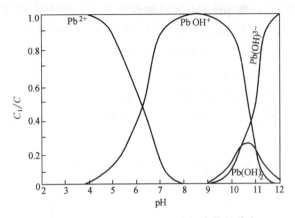

图 5-4　不同 pH 下 Pb(Ⅱ) 水解产物的分布

$Pb(OH)_3^-$ 以及 $Pb(OH)_2$ 沉淀。

Cd(Ⅱ) 在不同 pH 条件下的各种水解产物分布情况与 Pb(Ⅱ) 不同（见图 5-5）。当 pH<10 时，Cd(Ⅱ) 在水中主要是以 Cd^{2+} 离子的状态存在，仅有部分的 $Cd(OH)^+$ 存在，这时的 Cd(Ⅱ) 比较难于被硫酸铝的水解产物所吸附，但是由于存在部分的 $Cd(OH)^+$，所以 pH<10 的范围内硫酸铝对 Cd(Ⅱ) 也有一定的去除作用。

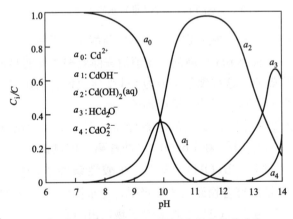

图 5-5　不同 pH 下 Cd(Ⅱ) 水解产物的分布

$Cd(OH)^+$ 在 pH=10 附近达到最大浓度比，然后随着 pH 升高而下降。pH 继续升高水中 Cd(Ⅱ) 的形态转变为 $Cd(OH)_2(aq)$，pH>12 后逐渐转变为 $HCdO_2^-$ 和 CdO_2^{2-}。pH>10 之后，由于 Cd(Ⅱ) 在

水中的水解程度增大，因而易于被吸附。这与前一节得到的曲线一致，即当pH>10后镉的去除效率显著提高。pH值影响重金属在水中的各种水解产物的分布情况，从上面两种重金属的水解曲线分析，只有当水中的重金属离子发生一定程度的水解后才能够被硫酸铝的水解产物有效地吸附。因此，硫酸铝混凝对在中性条件下容易水解的重金属去除效果较好，而对在中性条件下不易水解的重金属去除效果较差，这与我们的试验结果相同。

高铁酸盐预氧化除重金属作用主要是由于高铁酸盐与水中还原性物质（如腐殖酸等）反应分解后形成的水解产物及氢氧化铁胶体（$Fe(OH)_3$(gel)）对重金属的吸附作用。Fe(Ⅲ)的水解产物在较广泛的pH内都存在（见图5-6），Fe^{3+}在所有的pH范围内都能发生水解，即使在Fe^{3+}占主要地位的pH=0～2区间内仍然存在着较大比例的水解产物，如$Fe(OH)^{2+}$，$Fe_2(OH)_2^{4+}$，$Fe(OH)_2^+$等，pH>3时则主要以$Fe(OH)_3$胶体形式存在。这也可以说明高铁酸盐预氧化在低pH值条件下有优于硫酸铝的去除重金属效果。在实际水处理过程中，高铁酸盐在水中按照（5-1）式分解：

$$2FeO_4^{2-} + 3H_2O \rightleftharpoons 2FeO(OH) + 3/2O_2 + 4OH^- \quad (5-1)$$

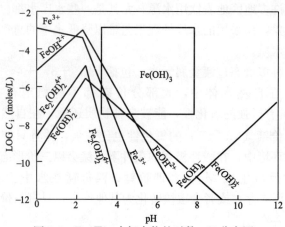

图5-6 Fe(Ⅲ)水解产物的对数-pH分布图

高铁酸盐分解后会生成FeO(OH)，它们在水中进一步水解最终生成$Fe(OH)_3$胶体。FeO(OH)在水溶液中表面离子配位不饱和，与水形成配位结构，水分子发生水解吸附而生成羟基化表面。表面羟基会与水中的重金属离子或者其水解产物发生因静电引力引起的交换吸附。

另外，高铁酸盐分解后最终形成的新生态 $Fe(OH)_3$ 胶体是一种不定型的水合胶体氧化物。在反应过程中高铁酸根的还原产物还包括 $Fe(Ⅴ)$ 和 $Fe(Ⅳ)$ 等以其他形式存在的中间产物，以上这些产物通常具有较高的活性，易于吸附与之化学性质相近的物质，如重金属离子等。

另外，高铁酸盐在被还原的过程中还会向水中释放出一定量的 OH^- 离子，它们能够增加水中的碱度，也有助于水中重金属离子的水解发生，从而易于被吸附去除。

5.2 高铁酸盐去除地表水中的锰

5.2.1 水环境中的锰

锰是自然界储量比较丰富的金属（仅次于铁），其对生物来说是一种基本必需金属元素，主要以软锰矿、水锰矿（γ-MnOOH）、菱锰矿（$MnCO_3$）、黑锰矿（Mn_3O_4）等形式存在于陆地和海洋底部。在生产中经常被用在采矿、冶炼、电池制造、化工等工业中。

地表水含锰量的增加主要来源于工业废水和固体废物的排放和河、湖的底泥物质释出或在地下水与地表水互补过程中由地下水引入的。近年来，我国许多地区地表饮用水源，尤其是一些水库水都出现了总锰含量超标的现象，而采用的水厂处理工艺难以降低水中的总锰浓度，严重影响了出水水质。

锰是一种多价态过渡金属元素，包括+2，+3，+4，+6，+7等多种价态。在自然水体中，大部分价态都不能稳定存在：七价锰（MnO_4^-）具有极强的氧化性，能被多种物质还原，在自然水体中几乎不存在；六价锰（MnO_4^{2-}）的氧化性也比较强，并且只能稳定存在于碱性极强的环境中；在酸性极强的条件下，锰会以三价形态存在，但极易发生歧化反应生成 Mn^{2+} 和四价锰；四价锰在水中主要以难溶的 MnO_2 沉淀形式存在或者会很快转化为其他价态；只有二价锰才能在天然水中稳定存在。

由于二价锰离子在水中为可溶态，又难以被水中的溶解氧氧化，采用混凝、沉淀、过滤等传统方法不能将其有效去除。可以利用一些氧化剂将其氧化成为难溶的二氧化锰（MnO_2），进一步利用混凝、沉淀、过滤等常规工艺达到去除的目的。常用的氧化方法包括：曝气氧化、预氯化、二氧化氯氧化、臭氧氧化及高锰酸钾氧化等。

5.2.2 水中的锰的氧化去除

1. 曝气氧化

水中含有大量的氧可对锰离子有一定的氧化作用。曝气氧化利用曝气的方法提高含锰原水的含氧量，将锰离子氧化为二氧化锰并在后续工艺中除去。

但在实际中应用这种方法去除大量地表水中的锰是不可行的。氧对锰离子的氧化速度极慢，且在很大程度上依赖于 pH 值的变化。当 pH 低于 8.6 时，极少锰离子能被氧氧化[97]，氧对锰离子的氧化速度达到水处理可接受的程度则需 pH 提高到 9.0 以上[98]。另外，在水中其他还原性物质较多的情况下，部分二氧化锰又可被还原为二价锰。因此，利用曝气氧化的方法需要调节水的 pH 值，去除效率也比较低，不适宜应用于实际地表水除锰。

2. 预氯化

预氯化是目前水厂采用较多的一种预氧化方法，主要能起到杀菌和除藻的作用。氯的氧化性比氧更强，能够把水中的二价锰氧化为二氧化锰，从而在后续工艺中除去。氧化反应方程式如下：

$$Mn^{2+} + Cl_2 + 4OH^- \longrightarrow MnO_2 + 2Cl^- + 2H_2O \qquad (5-2)$$

从式（5-2）可以看出，用氯氧化二价锰需要在较高的 pH 下才能达到较快的反应速度，如果在天然水条件下采用氯氧化二价锰需要很长的接触时间才能达到一定的处理效率。另外，实际的氯投量要大于完全氧化二价锰所需要的氯气量（1.3mg/mgMn^{2+}）。氯对二价锰的氧化反应受温度影响比较明显，在水温降低到 5℃ 时反应几乎停止，这就影响到其在寒冷地带的冬季时的应用。

使用预氯化对饮用水出水水质具有潜在的危害性。氯在水中与有机物主要发生取代作用，未经混凝的原水中如果有机物含量较高，与氯反应后会生成致癌物质如卤仿、卤代有机酸、卤代酚等，这些副产物不易被后续的常规处理工艺去除，可能造成处理后水的毒理学安全性下降。

3. 二氧化氯氧化

二氧化氯是一种强氧化剂，主要用于消毒杀菌和除色等。二氧化氯氧化二价锰的反应式如下：

$$5Mn^{2+} + 2ClO_2 + OH^- \longrightarrow 5MnO_2 + 2Cl^- + 6H_2O \qquad (5-3)$$

二氧化氯处理受污染的地表水时，有时会产生卤代有机物，但生成量较氯要少得多，因而比氯的使用要有优势。但在实际应用中，保证满意的出水锰浓度需要较大投量的二氧化氯，其投量可达完全反应所需的理论投量（2.45mg/mgMn^{2+}）的2倍以上，而如此高的二氧化氯投量对给水处理来说是不安全的。二氧化氯在与水中还原性成分作用时会产生系列亚氯酸盐和氯酸盐等其他对人体有害的副产物。美国EPA建议ClO_2、ClO^{2-}和ClO^{3-}总量应控制在1.0mg/L以下，所以二氧化氯主要用于水的消毒。另外，二氧化氯需要现场制备，对处理操作及管理水平要求较高，目前在我国还很少使用。

4. 臭氧氧化法

臭氧氧化二价锰的特点是氧化性强、反应速度快，在较低的pH=6.5和无催化剂的条件下也能使二价锰完全氧化，反应方程式如式(5-4)所示。

$$2Mn^{2+} + 2O_3 + 4H_2O \longrightarrow 2MnO(OH)_2 + 2O_2 + 4H^+ \qquad (5-4)$$

但在使用过程中应当控制臭氧的投量，因为在投量过大的时候并不能进一步提高锰的去除率，而且锰可能会被过度氧化生成MnO_4^-：

$$2Mn^{2+} + 5O_3 + 3H_2O \longrightarrow 2MnO_4^- + 5O_2 + 6H^+ \qquad (5-5)$$

由于臭氧投量过大所产生的MnO_4^-容易穿过滤池，进入输水管线。MnO_4^-可能在管网中被还原为二氧化锰，使水呈现黄褐色，影响水的使用。由于在水中的氧化还原反应较为复杂，单纯采用臭氧氧化法不能十分有效地去除水中的锰，提高水的碱度也不能使去除效率进一步提高。如果在单纯采用臭氧预氧化不能使出水锰浓度达到出水标准时，可采用臭氧与高锰酸钾复合使用的方法以保证出水质量。预臭氧化工艺基建及运行成本较高，臭氧的现场制备也增加了运行和维护工作量，这些特点一定程度地限制了臭氧氧化法用于去除水中的锰。

5. 高锰酸钾氧化法

高锰酸钾比氧和氯都具有更强的氧化性，能在中性和弱酸性条件下迅速将水中二价锰氧化为四价锰：

$$2Mn^{2+} + 2KMnO_4 + 2H_2O \longrightarrow 5MnO_2 + 2K^+ + 4H^+ \qquad (5-6)$$

高锰酸钾氧化水中二价锰的反应速度很快，一般可在数分钟内完成。氧化生成的二氧化锰易于在后续的混凝沉淀过程中去除。一般情况下，采用高锰酸钾预氧化所需的投药量要稍低于理论计算投量(1.9mg/mgMn^{2+})。在水中的有机物浓度很高的情况下，投药量可能需要提高一些，所以与前几种氧化方法相同，使用其进行地表水除锰时需要根据水质情况确定高锰酸钾的投量。高锰酸钾对 Mn^{2+} 的氧化反应也会受到水温的影响，但程度远小于水温对氯与 Mn^{2+} 反应的影响。

以上几种方法都是利用氧化剂的强氧化性将水中的可溶性二价锰离子氧化生成易于被后续处理工艺除去的二氧化锰，从而达到除锰的目的。其中从处理效果、使用安全性及处理成本等方面来说，高锰酸钾氧化法除锰都具有更为明显的优势。

5.2.3 高铁酸盐氧化除锰

高铁酸钾与高锰酸钾都是高价态氧化剂，具有较为相似的化学性质。高铁酸钾在整个 pH 范围内都具有较强的氧化性，能有效氧化二价锰离子：

$$2K_2FeO_4 + Mn^{2+} + 2OH^- + 2HO^- \longrightarrow 2Fe(OH)_3 + 3MnO_2 \quad (5-7)$$

以加入一定量 Mn^{2+} 的松花江水作为试验用原水考察了高铁酸盐氧化除锰的效果和机理。水质指标见表 5-4。原水配制方法：江水静沉 48h，在液面以下 5cm 处采用虹吸法将上清液移出，去掉底部沉积物。再向上清液中加入一定浓度的 Mn^{2+}（$MnSO_4$ 溶液），缓慢搅拌使其混合均匀，静置稳定 48h 后待用，使用前测定水中的总锰浓度。

试验用地表水水质 表 5-4

浊度 (NTU)	色度 (度)	温度 (℃)	pH	硬度 (mg/L，以 $CaCO_3$ 计)	碱度 (mg/L，以 $CaCO_3$ 计)	高锰酸 盐指数 (mg/L)	总锰 (mg/L)
0.71	15	20	6.9	62.06	74.5	4.4	1.23

利用上述水样进行标准烧杯搅拌试验，混凝剂为精制硫酸铝。锰的测定采用过硫酸铵分光光度法。所有用于锰浓度测定的玻璃仪器使用前经过酸洗液（5%硝酸）浸泡，使用时经二次蒸馏水淋洗。

图 5-7 是单纯硫酸铝混凝沉淀对水中锰的去除效果。由图可见，单纯硫酸铝混凝沉淀出水的总锰浓度在 1.1mg/L 左右。增加硫酸铝投量，剩余锰浓度基本保持不变，在整个硫酸铝投量范围 20~70mg/L 的出水余锰浓度都保持较高的水平，说明单纯硫酸铝混凝、沉淀对原水中的锰几乎没有去除能力。沉后水经滤纸、滤膜过滤后，水样总锰浓度稍有降低，但仍在 1.0mg/L 以上。沉、滤后水样总锰浓度差别不大。经混凝、沉淀处理后水中大部分锰仍保持溶解态，并同样不随硫酸铝投量增加而变化，过滤不能有效截留锰离子。

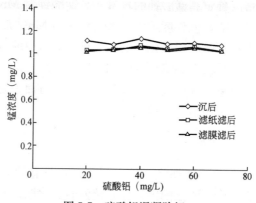

图 5-7 硫酸铝混凝除锰

图 5-8 是经高铁酸钾预氧化后,硫酸铝混凝、沉淀对水中锰的去除情况。与单纯硫酸铝混凝相比,投加高铁酸钾能够大大降低沉后水中的余锰浓度。以硫酸铝投量为 40mg/L 为例,高铁酸钾投量为 0.5mg/L 时能将沉淀后余锰浓度降低到 0.93mg/L,比单纯硫酸铝混凝的去除率要提高 25%。当投量都提高到 2mg/L 时,高铁酸钾使沉后余锰浓度降至 0.42mg/L,比单纯硫酸铝混凝的去除率要提高 65% 以上。

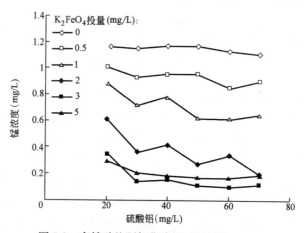

图 5-8 高铁酸盐预氧化除锰(预氧化 1min)

剩余锰浓度随着高铁酸钾投量增加显著下降。同时,硫酸铝投量增加也能够促进锰的去除,混凝效果可能影响锰的去除。根据氧化还原反应计量关系,每氧化 1mg 二价锰,理论上需要 2.4mg 高铁酸钾。原水锰浓度为 1.2mg/L,理论上则需要高铁酸钾的投量为 2.88mg/L。而试验结果中实际需要的高铁酸钾的投量为 2.5mg/L 左右，略低于理论值。这是因为预氧化过程中生成的新生态羟基氧化铁能对水中的二价锰离子有一定吸附能力，能够降低氧化剂的用量。

锰离子的氧化速率不仅取决于其浓度，而且会受到环境的影响。温度和 pH 值对锰的氧化过程起决定作用，碱性条件有利于锰的氧化（pH 值增加 1 个单位，反应速率可以增大 7 倍左右），非锰金属离子的存在能使氧化反应过程中产生易转化为 MnO_2 的更不稳定的 Mn(Ⅲ) 化合物，并且可使反应中产生集中不同类型的含 Mn(Ⅳ) 的氧化物，因此也有利于锰的氧化，并且先前存在的锰的氧化物也可以影响到锰的氧化速度。

高铁酸钾与二价锰离子的反应有 OH^- 的参与，反应速度可能受 pH 值的变化的影响。同时 pH 也是影响元素存在形态的一个重要因素。二价锰在水中性质比较稳定，而且与其他副族金属一样，通常条件下二价锰离子较难发生水解。在通常浓度下，只有在 pH>8 时 $Mn(OH)_2$ 沉淀出现之前才会出现一些水解产物。

在天然水中，以锰离子（Mn^{2+}）形式存在的二价锰占总量的 90% 以上，此外还有一些以 $MnHCO_3^+$ 的形式存在，在水中的盐度非常高的情况下（如海水中），除了占绝大多数的锰离子（Mn^{2+}）、$MnCO_3$ 等形式，还会有 $MnCl^+$ 和 $MnSO_4$ 存在。二价锰不会与有机配位体（腐殖酸、富里酸）形成比较稳定的有机物，总的说来，在 pH=8，水温 20℃，离子强度为 0.02 左右时比较容易形成络合物。水中的氧化还原条件、pH 值和水的盐度等会对它的存在形态有一些影响。重金属离子的水解产物更容易被吸附，同样锰离子的水解程度也可能会影响到其去除率。

从图 5-9 中的锰的去除曲线可以看出，单纯硫酸铝混凝在 pH<8 时，对二价锰去除很少，与中性条件时对锰的去除率相当，但当 pH 升高至 8 之后，滤后锰浓度开始降低，当 pH 升高至 10 时，滤后锰浓度可降低至 0.48mg/L。去除率曲线的转折点 pH=8 是二价锰离子开始水解时的 pH 值，这说明二价锰离子的水解产物更易被吸附去除。虽然在 pH>5 时，铝离子就能够水解，生成有吸附作用的水解产物，但仍不能有效吸附二价锰离子（Mn^{2+}），当锰离子（Mn^{2+}）开始水解之后，铝的水解产物才与锰离子（Mn^{2+}）的水解产物相互作用，使水中的余锰浓度逐渐降低，pH>10 之后，二价锰多以沉淀形式存在，水中的二

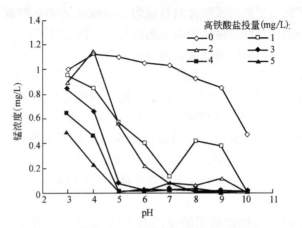

图 5-9 pH 对高铁酸盐预氧化除锰的影响（预氧化 1min）

价锰得以大幅降低。

在弱酸性条件下，高铁酸盐对锰的去除率较低，随着 pH 提高，锰的去除率相应升高，余锰浓度随着 pH 的升高而下降。分析 pH 值对除锰效果的影响主要在于其对混凝效果的影响。低 pH 值时，混凝效果差，二价锰被氧化后仍然不能被混凝去除。pH 值升高，良好的混凝效果就能保证较好的除锰效果。从高铁酸盐氧化二价锰的方程式可知，氧化过程是使水的 pH 值降低的过程。在酸性条件下，氧化反应进行的较慢，也可能影响锰的去除率，但这可能不是主要原因。

原水浊度和硬度变化对高铁酸盐预氧化除锰基本没有影响。腐殖酸可能对重金属离子的吸附有一定的竞争。腐殖酸结构复杂，不同来源的腐殖酸性质存在较大差别，金属离子在其上竞争吸附的次序常常不完全相同，一般遵循 Iring Williams 序列：$Pb^{2+} > Cu^{2+} > Ni^{2+} > Co^{2+} > Zn^{2+} > Cd^{2+} > Fe^{2+} > Mn^{2+} > Mg^{2+}$。不同来源的腐殖酸所含羧基、酚羟基等基团的离解难易程度存在差异，以及不同金属离子对配位体选择性等因素相互影响，造成金属离子在水中形成络合的程度不同。Pb^{2+} 形成络合物的趋势大于 Cd^{2+} 并可能影响它们的吸附行为。

5.3 高铁酸盐预氧化工艺剩余铁问题

由于高铁酸盐预处理向水中引入了一定量的铁，它们能否被后续的混凝沉淀去除也是需要关注的问题。

图 5-10 为氧化 10min，硫酸铝投量分别为 20mg/L 和 40mg/L 时沉

5.3 高铁酸盐预氧化工艺剩余铁问题

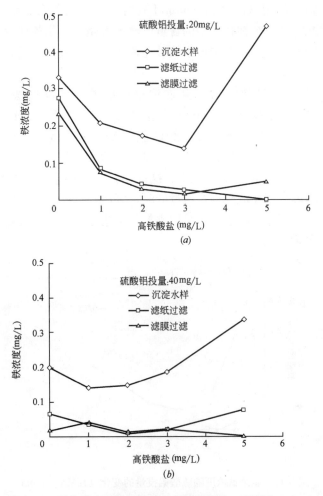

图 5-10 剩余铁浓度随高铁酸盐投量的变化（预氧化 10min）

淀及过滤后剩余铁浓度变化曲线。结果显示，高铁酸钾预氧化并没有使出水的剩余铁浓度升高。相反，少量的高铁酸钾预氧化后沉、滤后剩余铁浓度显著降低，低于单纯硫酸铝混凝后总铁浓度 1 倍。高铁酸钾被还原成难溶解的三价铁后易于被沉淀和过滤过程去除，同时高铁酸钾预氧化可以去除水中原来含有的铁。并且在超过高铁酸钾常用的整个投量范围内（高铁酸钾用于去除水中各种污染物的投量一般都小于 2.5mg/L）沉后水的剩余铁浓度都可以保持剩余铁低于国家饮用水水质标准中对铁的规定浓度 0.3mg/L。提高高铁酸钾投量剩余铁浓度继续降低，当其投量增大到一般用量的 2 倍（5mg/L）时，沉后水剩余铁浓度有了升高，因为此时高铁酸钾在水中的含量已经大大超过氧化各种污染物所需的量，水中的铁酸钾在水中可很快被还原为三价氢氧化铁沉淀，可被过滤除去。

图 5-11 为混凝效果对剩余铁浓度的影响。当高铁酸钾投量为 2mg/L，在硫酸铝投量 20～60mg/L 整个范围内，沉后剩余铁浓度都低于 0.3mg/L，经滤纸过滤后和经滤膜过滤后的剩余铁浓度均低于 0.1mg/L。而硫酸铝投量为 10mg/L 时，沉后剩余铁浓度达 0.5mg/L，滤后剩余铁浓度则低于 0.2mg/L。这说明，沉后剩余铁浓度也会受到混凝效果的影响，在混凝剂投量过低时，沉后剩余铁浓度较高，但可以被过滤去除，不会影响水质。采用预氧化工艺不会因剩余铁浓度较高而影响出水水质。

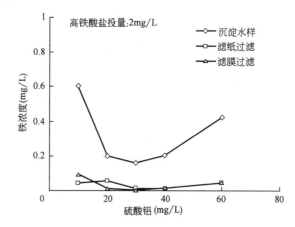

图 5-11　剩余铁浓度随硫酸铝投量的变化（预氧化 10min）

图 5-12 为剩余铁浓度随预氧化时间的变化规律。随着氧化时间的延长，2mg/L 高铁酸预氧化的沉淀水样剩余铁浓度有一定升高，但滤后水样基本维持较低水平。从前面的试验看，高铁酸钾在很广的范围内都能保持很低的剩余铁浓度，基本上滤后出水剩余铁浓度（可以视作出厂水剩余铁浓度）都保持在 0.1mg/L 以下。

向前面试验所用的松花江水中加入不同浓度的腐殖酸，对高铁酸钾预氧化过程中的剩余铁问题进行试验分析，结果如图 5-13。

图 5-13（a）表示了高铁酸钾投量为 2mg/L，氧化时间为 10min 时，不同腐殖酸浓度对预氧化后剩余铁浓度的影响。结果显示，水中有

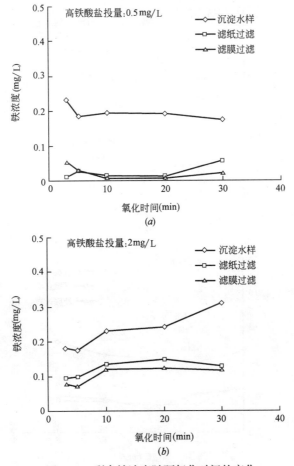

图 5-12 剩余铁浓度随预氧化时间的变化

机物浓度的升高可以使沉淀及过滤后剩余锰浓度有一定升高,但幅度非常小。当不加入腐殖酸时,沉后剩余铁浓度为 0.26mg/L,当腐殖酸浓度增加到 4mg/L 时；沉后剩余铁浓度增加到 0.28mg/L,升幅仅为 0.02mg/L；当腐殖酸浓度增加到 8mg/L 时,沉后剩余铁浓度增加为 0.33mg/L,比最初不加入腐殖酸时升高 0.07mg/L。

滤后剩余铁浓度较低,但因为腐殖酸浓度的增加,剩余铁浓度也从不加入腐殖酸时的 0.03mg/L 增加到腐殖酸为 8mg/L 时的 0.09mg/L,升幅与沉后剩余铁的相同,而且沉、滤后剩余铁浓度曲线斜率基本一致。可以认为,腐殖酸存在确实可能使水中的有机铁含量增加。但从试

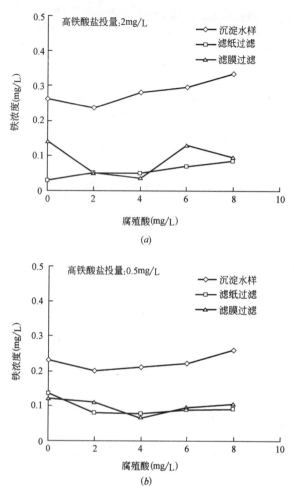

图 5-13 腐殖酸对剩余铁浓度的影响

验数据来看，沉淀及过滤后剩余铁浓度上升幅度较小，浓度的增加部分对总铁浓度影响不大。图 5-9（b）是高铁酸钾投量为 0.5mg/L 时的剩余铁浓度变化曲线，结果与高铁酸钾投量为 2mg/L 规律基本一致。

5.4 小结

pH 是影响重金属离子去除的重要因素，适当提高源水 pH 值有利于混凝和高铁酸盐预处理去除重金属污染。高铁酸盐可以高效氧化二价锰，可以考虑将高铁酸盐用于地下水除铁除锰。

北方一些地区的湖泊、水库水在冬季和春季经常发生源水色度高的问题，同时出现锰超标。如果不能有效去除锰，会在混凝、沉淀工艺后被氯氧化形成沉淀，影响水质。高铁酸盐预氧化可以取得多功能处理效果，用于氧化除锰同时具有除色、吸附等作用，是一种用于此类地表水处理的合适方法。

第 6 章 高铁酸盐预氧化强化混凝

水中的胶体颗粒和悬浮固体是影响饮用水感官性状指标的主要因素。浊度的去除同时也影响水中有机污染物的去除,给水处理工艺的主要任务是去除胶体颗粒。高铁酸盐具有氧化剂和絮凝剂的双重特性,采用高铁酸盐预氧化能够提高常用无机絮凝剂的混凝效率,从而提高浊度去除效率。

6.1 高铁酸盐强化混凝

6.1.1 强化混凝技术背景

常规混凝沉淀过程的主要目的是去除水中胶体颗粒。地表水中存在的溶解性天然有机物,如腐殖酸,富里酸等对无机胶体颗粒的稳定性有很大影响。在溶解性天然有机物存在下,水中无机胶体颗粒的凝聚动力学过程一般不取决于其本身的性质,而主要取决于水中溶解性天然有机物的浓度、特性等因素。水中天然有机物的表面电荷相对较高,如富里酸的表面电荷一般为水中无机胶体颗粒的 10 倍以上。在水中存在天然有机物时,混凝剂首先与带电密度大的腐殖酸和富里酸作用,只有加大投药量使混凝剂中和了溶液中及颗粒表面的天然有机物电荷后,才开始表现出吸附架桥作用。另外,水中天然有机物还会在无机胶体颗粒表面形成有机保护层,造成颗粒间空间位阻或双电层排斥作用。有数据表明,高岭土和二氧化硅颗粒吸附天然有机物后,其亲水性有所增加。每 1g 二氧化硅吸附 5~10mg 腐殖酸时,颗粒的稳定性增加 1 倍,或使之碰撞效率降低 1 倍;腐殖酸浓度升高,颗粒的稳定性也随之增加,在低 pH 条件下,腐殖酸可使二氧化硅的稳定性增加几个数量级,腐殖酸分子中未离解的酸性基团可能与二氧化硅颗粒表面通过氢键发生相互作用。研究发现,当水中富里酸浓度升高 3mg/L(以 TOC 计),硫酸铝投量需要提高 6.3 倍才能达到脱稳目的;富里酸浓度升高 7mg/L 时,硫酸铝投量需要提高10.2倍才能达到同样的混凝效果。因此，常规的混凝沉淀工艺在处理稳定性地表水时效率不高，即使增加混凝剂投量除浊效果也不理想。

在常规水处理工艺中，如何能破坏水中有机物对胶体颗粒的保护作用，提高处理效率，对于强化常规水处理工艺，保证常规工艺的出水水质具有重要意义，进行这方面的研究工作也有重要应用价值。常规的混凝、沉淀工艺目前仍然是饮用水处理的主要工艺，由于上述问题的存在，单纯采用常规工艺已经难以满足人们对饮用水水质的需要。几十年来，国内外有关研究人员从应用的角度围绕高稳定性地表水的混凝处理问题作了大量的研究工作。其中包括常规水处理构筑物的改进与加强，如采用高效沉淀设备，高效过滤设备等。新型混凝剂的研制、投加以及多种混凝剂的组合应用也是解决混凝问题的重要手段。

硫酸铝、三氯化铁等传统无机盐类的混凝剂在国内外一直得到广泛的应用，随着地面水源水质的变化和饮用水水质的要求不断提高，这些简单的无机盐混凝剂的混凝效率已经不能满足要求。混凝工艺改进和新型药剂应用是强化常规水处理工艺的两个主要方面。随着化工合成工业的发展以及与药剂研制开发的不断融合，使得水处理药剂的发展有了广阔的前景，新型水处理药剂不断涌现。

聚合铝混凝剂由于形成的水解产物具有良好的吸附架桥作用而开始受到重视。20世纪年代后期，聚合铝开始正式投入工业化生产和应用并取得了良好效果。其后各国又开始研制聚合硫酸铁等混凝剂，随着研究和开发的深入，近年来又出现了许多种新型复合混凝剂，如聚合铝铁、聚硅铝等。处理特殊地表水的需要也促进了助凝剂的研发，目前国内使用的助凝剂主要有：活化硅酸、聚丙烯酰胺、骨胶等。

6.1.2 预氧化强化混凝

预氧化技术在地表水强化混凝方面占有比较重要的地位。预氧化技术的主要目的在于杀菌、除藻和氧化分解水中的有机污染物，因为其氧化作用破坏了水中有机物对胶体颗粒的保护作用，同时也具有一定的助凝作用。常用的氧化剂有氯、二氧化氯、臭氧和高锰酸钾等等。预氧化工艺简单，一般在取水泵站后反应池前投加氧化剂即可。根据实际工艺情况也可将氧化剂与混凝剂一同投加。

1. 预氯化

预氯化在我国应用较多，主要能起到杀菌和除藻的作用。对于水中颗粒稳定性较高的原水确实有一定的助凝作用。氯在水中与有机物主要发生取代作用，未经混凝的原水中有机物含量较高，与氯反应后会生成大量的卤代有机物，如卤仿、卤代有机酸、卤代酚等均是对人体有害的副产物。

2. 二氧化氯

二氧化氯是一种强氧化剂，主要用于消毒杀菌和除色等。关于二氧化氯的助凝作用目前还没有较为系统的报道。需要现场制备，由于二氧化氯在氧化过程中生成的亚氯酸根对人体有害，因而二氧化氯投量不能过高，不适于做预处理氧化剂，另外二氧化氯易爆炸，安全问题需要进一步保障。

3. 臭氧预氧化

一些学者的研究结果表明，预臭氧化能够促进混凝，但多数是在投量较低的条件下，投量过高出水浊度反而升高。另外，最近的研究发现，当水中存在溴化物时预臭氧化会产生相当量的对人体有害的溴酸盐。

4. 高锰酸钾预氧化

高锰酸钾在国外被用于去除水中铁、锰、嗅味和抑制藻类生长。国内的学者将高锰酸钾用于预处理取得了良好的效果。高锰酸钾预氧化具有去除水中微量有机污染物、降低致突变活性和助凝等作用。

6.1.3 水库水处理效果

为考察高铁酸盐预氧化对不同水质地表水的强化混凝效果，并根据试验结果对其强化混凝的机理进行初步的探讨，在试验中选用了三种不同的地表水：

第一种是吉林省某地的水库水。该水库位于丘陵地区，其进水由附近的河流提供。该水源是水库水和河水的混合水，含有浓度较高的天然有机物，由于向其供水的河流受到较严重的生活污水污染，水库水中同时含有相当量的有机污染物。因为夏季大量河水的流入，导致水库水水质恶化。

第二种和第三种水样取自夏季和冬季的松花江水。松花江是我国东北部重要的河流，是其流域内几个大城市的水源。在哈尔滨江段的江水中含有中等浓度的天然有机物，由于上游工业废水和生活污水的排入，使得江水中同时含有微量的无机和有机污染物。冬季由于流量减少，而污水排入量未变，导致江水中污染物浓度增大，江水水质恶化。三种原水的水质情况见表 6-1。

试验用地表水水质 表 6-1

原 水	浊度(NTU)	色度(CU)	温度(℃)	pH	硬度(mg/L,以$CaCO_3$计)	碱度(mg/L,以$CaCO_3$计)	高锰酸盐指数(mg/L)
水库水	282	25	20	7.5	136.6	163	36.5
松花江夏季水	50~60	15	22	7.0	67.1	110	8
松花江冬季水	26~28	20	2	7.1	68	52	12.2

混凝试验在六联定时搅拌器上进行。原水采集后转移至一系列 1L 的烧杯中，顺序投加高铁酸盐和硫酸铝，进行对比试验。每次试验前配制 0.3g/L（以 K_2FeO_4 计）的高铁酸盐溶液，10g/L 的硫酸铝溶液（以 $Al_2(SO_4)_3 \cdot 18H_2O$ 计）。向烧杯中投加一定量的高铁酸盐溶液，快速搅拌（300rpm）一定时间；投加硫酸铝溶液，持续快搅 1min；然后慢速搅拌（60rpm）10min；静置 30min。沉后水用中速定性滤纸过滤（孔径 1~2μm）。吸取液面下 1cm 处的上清液，用浊度仪（2100A，HACHU.S.A.）测定沉滤后水样的浊度。部分沉淀后水样用 0.45μm 的醋酸纤维膜过滤，用紫外分光光度计测定滤后水的 UV_{254}。用带石墨炉的原子分光光度计测定处理后水样的剩余铁、锰浓度。所有用于铁、锰浓度测定的玻璃仪器使用前经过酸液（1%硝酸）浸泡过夜，使用时经二次蒸馏水淋洗。

沉淀和过滤后的浊度是考察高铁酸盐预氧化强化混凝效果的主要指标。图 6-1 表示高铁酸盐预氧化与单纯硫酸铝混凝沉淀处理水库水的比较结果。该水库水天然有机物的含量较高，高锰酸盐指数高达 36.5mg/L。从图中的曲线可以看出，对该种地表水硫酸铝混凝的最优投量为 70mg/L，过多的硫酸铝反而导致沉后水的浊度上升。高铁酸盐预氧化明显加强了混凝效果，沉后水浊度显著下降。当硫酸铝投量较低时（50mg/L，60mg/L），单纯硫酸铝混凝沉后水的剩余浊度较高。但在高铁酸盐预氧化后，沉后水剩余浊度明显降低（下降幅度大于 4NTU）。在高硫酸铝投量下（70mg/L，80mg/L），高铁酸盐预氧化同样使沉后浊度下降，但幅度不大。在整个混凝剂投量范围内，高铁酸盐预处理后的沉后水浊度要低于单纯硫酸铝混凝沉淀后出水几个 NTU。因此，为达到同样的出水剩余浊度，采用高铁酸盐预氧化可以降低硫酸铝投量。如 0.5mg/L 高铁酸盐预氧化后用 60mg/L 硫酸铝混凝，其出水剩余浊度同单纯 70mg/L 硫酸铝混凝沉淀后出水浊度相同。

高铁酸盐预氧化同样使滤后水（$1\sim 2\mu m$ 中速定性滤纸）的剩余浊度显著下降［图 6-1（b）］，没有观察到剩余浊度随硫酸铝投量增加而升高的现象，高铁酸盐投量增加其强化混凝的作用增强。

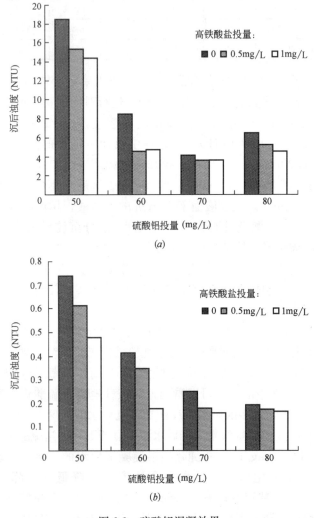

图 6-1　硫酸铝混凝效果

高铁酸盐在水中分解后产生的氢氧化铁胶体沉淀，它们具有较高的吸附作用，并因此形成沉淀性好的絮体。氢氧化铁胶体吸附到水中的细小颗粒上不仅增加了其沉淀速度，而且可能促使它们进一步形成尺寸较大的絮体，这些长大的絮体容易被滤纸截留使滤后出水的浊度降低。采用高铁酸盐预氧化的水样比较快出现絮体，且絮体成长迅速、颗粒密实。

图 6-2 是经过 $0.45\mu m$ 滤膜过滤后水样的 UV_{254} 吸光度值的变化。UV_{254} 的紫外吸光度值是水中天然有机物的替代参数。在实际水处理过程中，UV_{254} 能够指代水中 DOC 的变化，并且是消毒副产物的良好替代参数。高铁酸盐预氧化后出水的 UV_{254} 值随着高铁酸盐投量的增加持续下降，说明水样的有机物浓度也有相应的变化。高铁酸盐预处理有可能降低出水的卤代有机物含量。

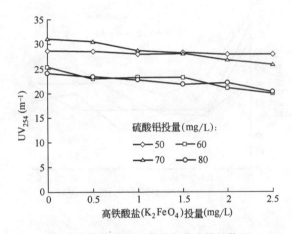

图 6-2 高铁酸盐对紫外吸光度值的作用

图 6-3 为沉后及滤后剩余铁浓度变化曲线。结果显示高铁酸盐预氧化并没有使出水的剩余铁浓度升高。相反，少量的高铁酸盐预氧化后沉后余铁浓度显著降低，低于单纯硫酸铝混凝沉淀后总铁浓度一倍。高铁酸盐被还原成难溶解的三价铁后易于被沉淀和过滤过程去除，同时高铁酸盐预氧化可以去除水中原来含有的铁。提高高铁酸盐投量沉后剩余铁浓度没有进一步降低，滤后水的余铁浓度则有所升高［图 6-3（b）］，但是幅度不大。地表水中的铁一般具有较高的稳定性，主要是由于铁与水中有机成分络合后难于被氧化。

处理腐殖酸配水的试验发现，延长高铁酸盐预处理时间对出水余铁

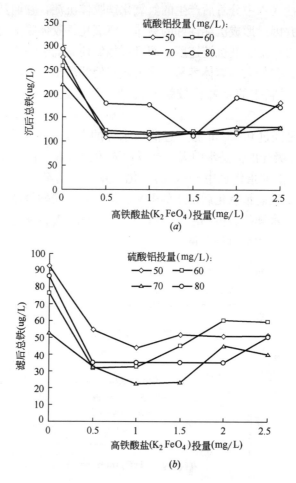

图 6-3 剩余铁浓度随投量的变化

影响甚微。有研究证明，高锰酸钾在处理高浓度腐殖酸配水时，大投量可能导致剩余锰升高。地表水中的锰更难于氧化，锰与有机物络合后稳定性显著提高，是比较棘手的问题。高铁酸盐预处理不存在铁超标问题，具有较明显的优势。

高铁酸盐预氧化同样可以明显降低沉淀及过滤后出水的剩余锰浓度（见图6-4）。单独硫酸铝混凝时，滤后与滤前水中总锰浓度没有明显变化，剩余锰浓度不随硫酸铝投量变化，说明单独硫酸铝处理对锰几乎没有去除效果。高铁酸盐预氧化能够显著提高地表水的除锰效果是该技术的一个重要特点。高铁酸盐预氧化使沉后水中锰浓度有一定程度的下

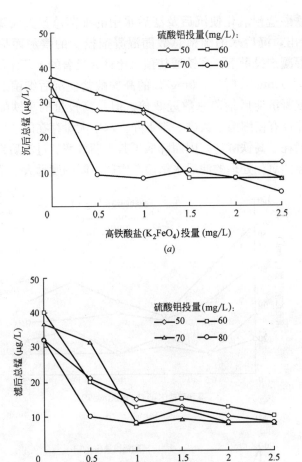

图 6-4 总锰的去除

降,并随着高铁酸盐投量的增加而持续下降,滤后水的剩余总锰浓度则明显低于沉后水样的总锰浓度,说明未沉淀的锰可以被过滤截留。高铁酸盐对水中重金属离子的去除是由于其分解后产生的 $Fe(OH)_3$ 胶体颗粒具有较高的吸附性,被吸附的金属离子可被后续的混凝沉淀和过滤工艺去除。天然地表水中的铁、锰大部分是以与有机物络合的形式存在,$Fe(OH)_3$ 胶体颗粒可能是通过对产生络合的有机物的吸附而去除铁锰。高铁酸盐对水中二价锰的去除效果见第 6 章。

高铁酸盐具有强氧化性,其对多种细菌、病毒有灭活作用。试验中发现，高铁酸盐预氧化使沉后及滤后水中的细菌总数大大降低。从图6-5可以看出，沉后水的细菌总数随混凝剂投量的增加而呈下降的趋势，在低混凝剂投量下，高铁酸盐预氧化具有显著的灭菌作用，如硫酸铝投加量为50mg/L时，1.0mg/L的高铁酸盐使沉后细菌总数低于单纯硫酸铝混凝沉淀后细菌总数近2倍。但是高投量的高铁酸盐（大于1mg/L）并没有使细菌总数进一步下降。水中大量存在的还原性物质如腐殖酸等消耗了高铁酸盐，因而降低了其灭菌效率。过滤后细菌总数整体下降，经预氧化处理的滤后水细菌总数的下降幅度远大于单纯硫酸铝

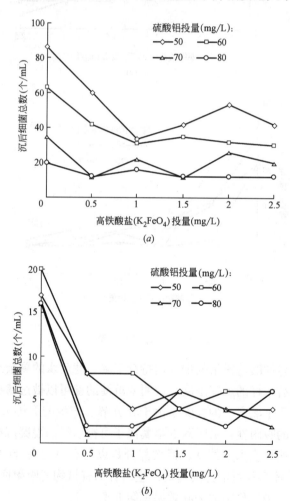

图6-5 细菌总数的去除效果

处理。过滤强化了高铁酸盐预氧化对细菌的去除效果，进一步说明高铁酸盐产生的 $Fe(OH)_3$ 胶体沉淀可能吸附细菌，若未被沉淀去除，则可被过滤截留，从而降低滤后出水的细菌总数。从图 6-5 中可见，滤后细菌总数下降显著，也说明细菌个体容易被 $Fe(OH)_3$ 胶体吸附。

6.1.4 夏季江水处理效果

图 6-6 为高铁酸盐预氧化处理松花江夏季水的情况。松花江是哈尔

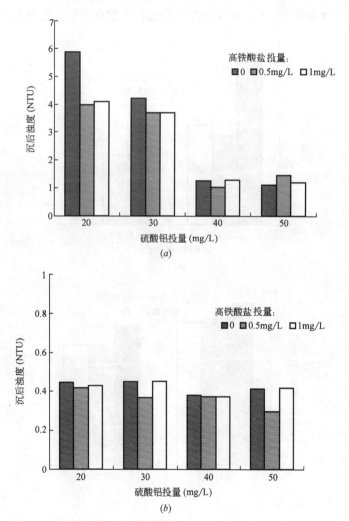

图 6-6 夏季江水浊度的去除效果

滨市的主要饮用水水源，夏季由于流量大，水质较好。从图中也可以看出，单纯的硫酸铝混凝即有良好的除浊效果，剩余浊度较低，当投量大于30mg/L时，沉后浊度低于5NTU。高铁酸盐预氧化能够使浊度进一步降低，但是幅度较小，增加高铁酸盐的投量除浊效果没有明显提高。同样在低硫酸铝投量下，强化混凝的作用明显（降低1~2NTU），这个现象同处理水库水的结果相似，即在低混凝剂投量下，高铁酸盐预氧化的助凝效果显著。沉后水过滤后剩余浊度更低，各个水样普遍低于0.5NTU。高铁酸盐预氧化对滤后水剩余浊度的降低几乎没有帮助［见图6-6（b）］。

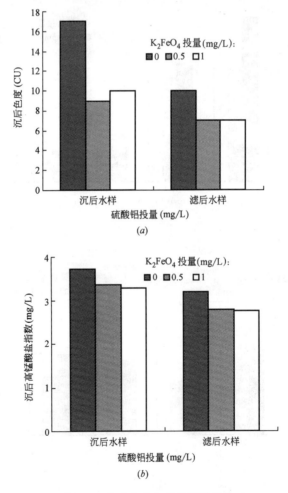

图6-7 色度与高锰酸盐指数变化

夏季松花江水浊度较高，有机物含量相对低，投加硫酸铝后絮体生成快，颗粒大而密实，是比较容易进行混凝处理的地表水。因此，采用高铁酸盐预氧化强化混凝效果并不明显。

但经过高铁酸盐预氧化处理后，色度和高锰酸盐指数都有一定程度的下降（见图6-7）。沉后水色度差异较大，可能是由于剩余浊度的影响。

6.1.5 冬季江水处理效果

对松花江冬季水进行同样的混凝试验（图6-7）。冬季的松花江水是我国北部高纬度地区的典型低温低浊水，水温2℃，浊度26~28NTU，个别时期低于10NTU。水中的有机物含量DOC为12.2mg/L，高于夏季水的8mg/L。低温低浊水的混凝处理难度较大。混凝剂水解过程是吸热过程，由于温度低，混凝剂水解速度慢，絮体形成慢、松散。另外由于水中的胶体颗粒含量少，不能形成较大絮体。从图6-8（a）也可以看出，单纯硫酸铝混凝沉淀出水的剩余浊度较高（大于8NTU），与夏季松花江水的混凝效果形成鲜明的对比，硫酸铝投量增加（60mg/L）反而导致出水浊度升高。可见，单纯硫酸铝混凝处理冬季松花江水效果不理想，对于浊度的去除有局限。由于混凝过程中形成的絮体细小、沉淀性差，沉淀池出水浊度不容易保证。

在所有的硫酸铝投量范围内，高铁酸盐预氧化都能强化混凝效果，沉后的剩余浊度显著下降，并随着高铁酸盐投量的增加而继续下降。从沉后与滤后的剩余浊度对比看，高铁酸盐预氧化使滤后水的剩余浊度下降更加显著［图6-8（b）］，过滤过程强化了高铁酸盐预氧化的助凝作用。这与夏季松花江水的处理结果不同，夏季水比较容易处理，单纯硫酸铝混凝即有良好的除浊效果。冬季松花江水的处理效果同常温下的水库水相似，即高铁酸盐预氧化使滤后水浊度显著下降，该水库水同样难以被单纯的硫酸铝混凝。

高铁酸盐预氧化同样能够使色度和UV_{254}值明显下降（图6-9），尤其是色度的降低非常明显，单纯硫酸铝混凝、沉淀后，水样的色度降低至16度，继续增加硫酸铝投量，色度没有进一步降低。1mg/L的高铁酸盐预氧化使滤后色度显著下降，幅度达10度左右，并随硫酸铝投量的增加有下降趋势。腐殖物质是水中色度的主要组成成分，高铁酸盐预氧化后用硫酸铝混凝使色度显著下降，说明高铁酸盐对水中的腐殖物质有明显的去除或氧化脱色作用。

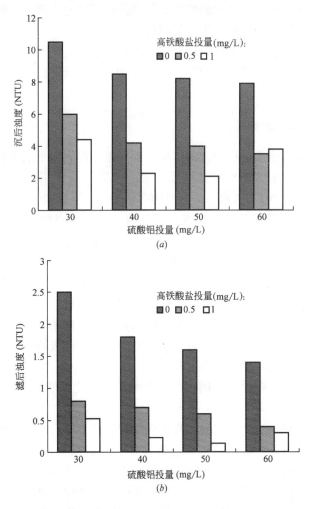

图 6-8 冬季江水浊度的去除

对 3 种不同水质的地表水的混凝试验剂结果表明，高铁酸盐预氧化具有优良的强化混凝的作用。在低硫酸铝投量下，这种强化作用更加明显。在处理水库水和冬季松花江水时，高铁酸盐预氧化后在混凝过程中会形成尺寸相对较大的絮体。沉淀及过滤后剩余浊度的大幅度降低说明，对于这两种有机物含量较高的地表水，高铁酸盐具有显著的强化混凝的效果。

6.1 高铁酸盐强化混凝

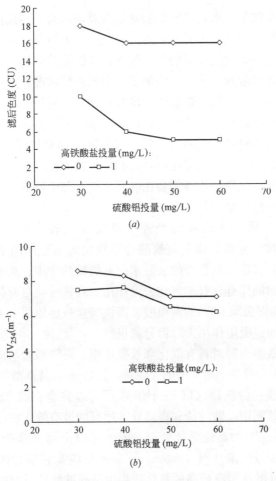

图6-9 色度与UV_{254}的变化

同样是常温下的地表水（水库水和夏季松花江水），高铁酸盐预氧化处理水库水的助凝效果明显优于夏季松花江水。这种现象可以解释为：水库水的色度和有机物含量分别为25度和36.46mg/L（高锰酸盐指数）高于夏季松花江水，高铁酸盐可能氧化水中的有机物，如腐殖酸和富里酸，从而减弱这些有机物对水中胶体颗粒的保护作用，使之易于被混凝剂混凝而去除。因为夏季松花江水的有机物浓度较低，水中胶体颗粒的稳定性低，单纯的硫酸铝处理即能达到良好的混凝效果，沉后及滤后的剩余浊度较低，因此高铁酸盐的助凝作用变得较不明显，尤其是滤后水。

对于松花江冬季水，其有机物含量较夏季水高，因此高铁酸盐预氧化的助凝效果比较显著。另外，对低温低浊水的情况，高铁酸盐预氧化的助凝机理还可能包括以下的反应过程：高铁酸盐分解后会形成氢氧化铁胶体沉淀并分散到水体中，增加了水中的颗粒浓度，有利于后续的混凝过程。新生态的氢氧化铁胶体还具有良好的吸附特性，这种吸附作用可以很好地解释高铁酸盐预氧化处理水库水时的除铁、除锰效果。氢氧化铁胶体在水中也可能吸附胶体颗粒或是细小的絮体而形成尺寸较大、密度较高的絮体，由于沉淀性好，它们易于在沉淀过程中去除或被过滤过程截留。氢氧化铁胶体可能会在混凝初期有助于形成絮核，这些絮核有利于絮体的进一步成长。

在3种不同的地表水的处理中都发现代表有机物浓度的指标（UV_{254}、色度）降低，说明高铁酸盐预氧化的助凝作用不仅表现在浊度的去除，而且还具有良好的去除水中有机物的作用。高铁酸盐对大分子天然有机物同样有良好的氧化去除作用。高铁酸盐与有机物重量比为12∶1时，能够去除90%的富里酸。高铁酸盐被还原后生成的氢氧化铁胶体也可以通过吸附作用去除部分富里酸。

由于高铁酸根同时具有氧化和絮凝作用，高铁酸盐与混凝剂配合使用，能够较大程度提高富里酸的去除率。如8mg/L高铁酸盐与0.8mg/L聚合氯化铝或三价铁盐（以Fe计）联用可以完全去除2mg/L的富里酸。这是高效利用高铁酸盐和提高处理效率的最有效方法。例如中试试验发现，25mg/L的高铁酸盐处理20min可以全部去除2mg/L的富里酸，而投加少量的聚合铝（0.8mg/L），可以将高铁酸盐的投量降低至6mg/L。高铁酸盐对腐殖酸的氧化效果也是高铁酸盐具有强化混凝作用的直接原因。

在水处理过程中，单纯的高铁酸盐氧化难以将有机物完全无机化，因此其对有机物的去除主要通过氢氧化铁胶体吸附作用，色质联机结果也说明吸附是有机物去除的重要因素（见第2章）。高铁酸盐还原后产生的氢氧化铁胶体在强化混凝的过程中起着重要的作用，这些胶体沉淀可能吸附水中有机或无机物质，并在后续的混凝过程中去除。

高铁酸盐投量增加导致滤后剩余总铁浓度有少许的升高［图6-2(c)］。因为水库水中的有机物浓度较高，在氧化过程中，部分氢氧化铁胶体形成后可能被水中的溶解性有机物络合，因而难以被混凝。这些胶体尺寸较小而且保持溶解状态，它们不会被过滤去除而导致滤后水总铁浓度升高。尽管高投量高铁酸盐使滤后总铁浓度有所升高，但其实际浓度仍然远远低于单纯硫酸铝混凝的滤后水，并且低于0.3mg/L的水质标准。

6.2 高铁酸盐预处理对余铝的影响

目前，铝盐混凝剂仍然是给水处理厂普遍采用的混凝剂，铝盐混凝后出水中会含有一定量的剩余铝。水中有机物，尤其是天然大分子有机物，是影响水中剩余铝含量的重要水质因素。高铁酸盐预氧化对给水的除浊有明显的促进作用，同时高铁酸盐预氧化会影响水中有机污染物的分布情况（见第2章），这些都会改变原水中影响剩余铝的水质条件，因而影响出水的剩余铝浓度，同时剩余铝浓度与有机物的去除也有一定的相关性。下面将高铁酸盐预氧化对出水剩余铝的影响及对有机物的去除机理一起讨论。

6.2.1 饮用水残留铝研究现状

在过去很长时间铝被认为是无毒的元素，铝对环境的污染、对人类健康的影响是近几年才引起注意的问题。随着经济发展和人们生活质量的提高，饮用水作为与人类生产生活密切相关的一部分，其水质问题受到了广泛关注。饮用水中铝对人体危害已受到了高度重视。

正常人体含铝量是50～100mg/L，每天从饮食中摄入铝平均45mg左右。进入胃肠道的铝吸收率为0.1%，大部分随粪便排出体外，少量的铝经肠道吸收进入人体内。有文献报道，正常摄入量时，铝对机体是有利的，它可以抵抗铅的毒害作用。随着环境土壤的铝污染加重，城市给水使用铝盐混凝处理，导致人体铝过量。

医学专家指出，铝可积蓄于人体脑细胞及神经元细胞内，当含量过高时，会损害人的记忆，使人思维迟钝，判断能力衰退，甚至导致神经麻痹。在一些神经性疾病如神经纤维病变、退化性脑变性症、老年性痴呆等疾病的患者中发现它们的脑组织内铝量高于正常人。另有报道，英国科学家在英格兰和威尔士88个地区查阅了1203个老年痴呆患者的病例，结果发现饮用水中铝量高于0.11mg/L的地区的发病率比饮用水铝量低于0.11mg/L的地区高出50%。

1984年，世界卫生组织指出铝量与阿耳茨海默氏病（Alzheimer's

disease)之间有一定联系。另外，摄铝过量还可使肾功能发生病变，引起肾衰竭及尿毒症。当铝取代钙进入骨质中时，可引起骨质软化疏松变形。摄铝过量还可抑制胃液和胃酸分泌，使胃蛋白酶的活性下降，导致甲状腺的亢进。更为严重的是，铝具有细胞遗传性，对体细胞及生殖细胞有致突变作用。铝的过量摄入还可使幼儿心智发育迟缓。铝在人体中引起的毒性是缓慢的、长期的、不易被察觉的。但是一旦发生代谢紊乱的毒性反应，后果是严重的，不可恢复的。所以应引起人们的高度重视。

人体摄入铝的主要途径是饮用水，饮用水中铝的来源比较广泛，大致有以下几个途径：

(1) 土壤中铝元素溶解进入天然水体。由于铝的两性特点，当水体的 pH 值改变时，土壤中的铝元素可溶解进入天然水体。另外，我国南方等地酸雨现象比较突出，酸雨可使工业含铝污泥和土壤中的铝转变为溶解性铝，从而给作物带来毒害及滤后引起水体污染，这方面仍有待进一步研究。

(2) 给水处理过程中引入的铝。美国供水协会研究表明，原水中的铝和投加混凝剂引入的铝在经过混凝、沉淀、过滤、消毒等常规处理后仍有 11% 残留于出厂水中。有资料显示，在采用铝盐作混凝剂的水处理厂中，其出水的铝含量升高的机率为 40%～50%，具体在 0.01～2.37mg/L 不等。由于我国混凝剂的制备不规范，这种现象就更为严重。以聚合氯化铝的生产为例，生产聚合氯化铝可用氢氧化铝，但因其成本高、售价贵，目前国内普遍采用废铝灰作为制备材料，废铝灰是熔炼铝材、铝合金等产生的废渣，其中熔炼铝合金产生的废铝灰含重金属多、毒性大。但用废铝灰生产的聚合氯化铝的工艺简单、成本低、利润高、生产厂家多，不少城市自来水厂也在自行生产。由于所用铝灰来源杂、成分多变，制成的混凝剂卫生质量很不稳定，使用这种铝盐混凝剂往往降低了处理水的水质，加大了剩余铝量。

(3) 水处理中投加石灰调节 pH 值也会使出水铝有不同程度的增加。1986 年美国自来水协会调查表明，自来水中含铝高达 0.41mg/L 的厂家中，82% 为用石灰调节 pH 值；铝含量平均为 0.026mg/L 的水厂只有 35% 用石灰调节 pH 值。

(4) 输配水系统中的混凝土管、陶土管、水泥管等建筑材料中含有铝，它的溶解也增加了配水管网末梢出水的铝浓度，影响用户的使用。

(5) 日常生活中使用铝制品烧水或蒸煮食物时，由于铝的水相转移使水中的铝含量增加，尤其当水处于沸腾状态，铝的水相转移就会加剧。食盐和醋的存在也能引起铝制品表面的电化学腐蚀，进入人体后导致铝在人体中的富集。

其中铝盐混凝剂的使用是饮用水中铝的重要来源，控制铝盐混凝剂的使用以及在使用中控制剩余铝是保证出水铝浓度达标的关键。铝盐混凝剂具有价格便宜、混凝效果好等优点，不可能在短时间内被淘汰。据有关文献报道：在世界范围内的整个混凝剂的市场中硫酸铝约占 40%，聚合氯化铝约占 20%，铁盐约占 40%。其中，在美国水处理市场中硫酸铝约占 50%，铁盐约占 30%，聚合氯化铝约占 15%，专用聚合物约占 5%。在欧洲聚合氯化铝的应用占整个水处理市场的 70%。看来在今后的混凝剂市场中铝盐混凝剂还占有相当大的份额。因此，控制铝盐混凝后出水的剩余铝含量成为给水处理中的一个重要问题。

饮用水中铝对人体的危害越来越引起人们的重视，各国也加强了对饮用水铝含量的控制。一般来说，通过选择最佳的水力、水化学条件，确定最佳的工艺参数等，降低出水残铝。出水浊度与剩余铝有明显的相关性，有效的浊度去除是控制残余铝的前提，为保证出水浊度满足要求，可以通过双层滤料、优化过滤装置、或者使用助凝剂等手段。

随着我国国民经济的发展和人民生活水平的提高，对饮用水质量的要求也越来越高，如何控制出水残余铝的问题已引起了水处理研究者的重视。1988 年黄毓忠发表了一篇关于"自来水中铝离子含量的问题"的文章，文中引用了有关铝离子毒性的医学研究报道，对净水工艺中铝盐混凝做了粗略的分析，并建议饮用水标准中应考虑增设铝离子的检测项目。

在建设部颁布的《城市供水行业 2000 年技术进步发展规划》中，我国首次将铝列为控制指标，并明确规定饮用水中铝含量不得高于 0.2mg/L，即出水中残余铝含量不得超过 0.2mg/L。同时指出，考核水处理混凝剂和助凝剂性能优劣的重要指标之一就是出水剩余铝浓度的高低。

其他的研究者也进行了一系列的研究工作，主要包括对铝毒性的研究、混凝剂的改进和选择，有聚合铝、聚合硫酸铁、以及各种复合药剂（如复合铁铝、聚丙烯酰胺与聚合铝复合等）。

全国有 70% 的水厂使用铝盐混凝剂。从使用的混凝剂类型上看，黑龙江省大部分的水厂都是以硫酸铝为主要混凝剂，仅个别城市的水厂以聚合铝为混凝剂；在其余省份以铝盐为混凝剂的水厂中，使用硫酸铝的水厂数量与使用聚合铝的水厂数量几乎相当。各省份城市居民饮用水铝含量从水厂给出的数据看超标率为15%。

6.2.2 水中天然有机物对剩余铝的影响

腐殖物质是环境中分布最广的天然产物之一，广泛存在于土壤、湖泊、河流及海洋中。水体中的腐殖物质含量较高，是构成地面水的主要有机物成分之一。腐殖物质大约占地表水中溶解性有机物含量的50%以上，而在许多地表水中腐殖物质含量是DOC的80%，尤其是高色度地表水。腐殖物质结构复杂，其与水中的多种物质能够发生吸附、络合等作用，并影响水处理过程中对这些物质的去除。

腐殖物质呈酸性，主要是芳香族含苯酚羟基、羧基、羰基等系列物的聚合体。分子量由2000道尔顿至10万道尔顿以上。酸性主要由羧基产生，为几乎不含氮素的碳水化合物。腐殖物质中含量最多的是碳和氧，腐殖酸的碳含量在50%～60%之间，氧含量在30%～35%之间。氢和氮的含量分别为4%～6%和2%～4%。胡敏素的元素含量级别与腐殖酸处于同一数量级。富里酸比腐殖酸和胡敏素含有较少的碳和氮，

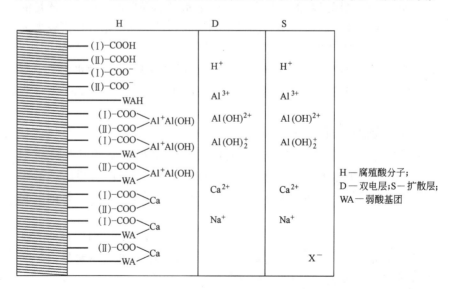

图6-10 腐殖酸与铝水解产物的吸附络合

但含有较多的氧。

腐殖物质表面具有大量的醇羟基、酚羟基、羰基等官能团，因而具有较高的表面电荷。腐殖酸与铝盐水解产物的络合示意见图6-10。铝盐在水中水解后形成的带正电荷的水解产物能够通过电中和及吸附作用与这些溶解性有机物形成络合物，并降低它们的溶解性，这是铝盐混凝去除水中溶解性有机物的主要过程。

当水中的溶解性有机物极性较低、表面电荷不高时，则不易被混凝沉淀去除。但是对于表面电荷较高的天然有机物，铝盐混凝虽然去除率较高，同时部分被吸附的Al(Ⅲ)可能在混凝过程中仍然保持溶解状态，不能被沉淀乃至过滤截留，导致出水的剩余铝浓度过高。水中溶解性有机物的去除与控制剩余铝浓度是一个矛盾统一的过程。

6.2.3 高铁酸盐处理对出水余铝影响

图6-11为单纯硫酸铝处理常温地表水混凝，沉淀后、滤后水样的剩余浊度与剩余铝浓度曲线。从沉后浊度的去除情况看，硫酸铝投量在40mg/L时达到最优去除效果，继续增加硫酸铝投量，剩余浊度没有进一步降低。滤后水样的浊度去除情况基本与沉后相同。出水的剩余铝情况与剩余浊度关系不大，从曲线变化可以看出，在一定的硫酸铝投量范围内，沉后、滤后水样剩余铝浓度变化不大，说明在浊度去除的硫酸铝最优投量范围内，硫酸铝的投量增减对出水剩余铝的影响不大。沉后出水的剩余铝浓度在0.45mg/L左右，滤后水样剩余铝浓度在0.1~0.15mg/L之间。

高铁酸盐预氧化后用硫酸铝混凝、沉淀的剩余铝浓度曲线见图7-4。高铁酸盐预氧化能够使沉淀后剩余铝浓度有一定程度的降低［图6-12(a)］，但是幅度不大，只有0.02~0.03mg/L左右。并且随着硫酸铝投量的增加，剩余铝曲线没有明显变化。滤后水样的剩余铝浓度规律与沉后水样相同［图6-12(b)］。

图6-13为高铁酸盐预氧化对低温低浊水剩余铝浓度的影响。从曲线可以看出，高铁酸盐预氧化使沉后水样的剩余铝浓度下降趋势，滤后水样表现出同样的规律。与常温地表水相比，高铁酸盐预氧化处理低温低浊水降低沉后、滤后铝剩余浓度的作用较明显。在实际水厂运行中，往往采用增加混凝剂投量的办法以提高对低温低浊水的处理效率，但同时也导致出水铝剩余浓度升高。

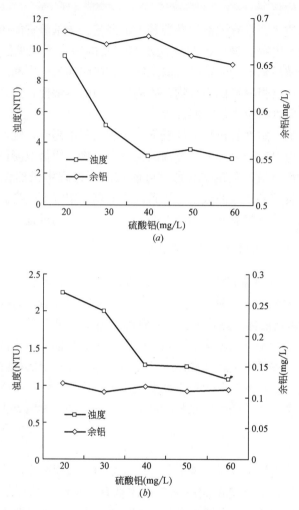

图 6-11 出水浊度与余铝随投量变化
(a) 沉后水样；(b) 滤后水样

在低温低浊条件下，硫酸铝在水中的水解速度降低，其水解产物大部分是 $Al(OH)^{2+}$、Al^{3+}，电中和能力下降，大部分的 $Al(Ⅲ)$ 在混凝过程中没有被吸附，因而导致出水的剩余铝浓度增高。高铁酸盐在水中分解后，能够放出 OH^- 离子，有利于硫酸铝的水解过程；高铁酸盐分解后形成的 $Fe(OH)_3$ 胶体分散在水中，增加了颗粒浓度也有助于后续的混凝进行，而在常温条件下，水中的胶体颗粒浓度较高，铝盐水解完

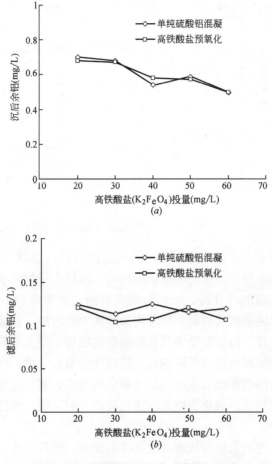

图 6-12 高铁酸盐预氧化对余铝的影响

全，$Fe(OH)_3$ 胶体对混凝的促进作用不明显，因而铝剩余浓度降低不大。

对比这两种原水的水质情况，后一种原水的高锰酸盐指数高出第一种原水近 1 倍，说明水中的有机物含量较高。向地表水中加入一定量的腐殖酸以考察其对高铁酸盐预氧化后剩余铝浓度的影响。采用从英国北部高地水中提取的腐殖酸。称取一定量腐殖酸固体溶于蒸馏水中，用超声波粉碎，并在 50℃ 水浴中溶解 12h，再以 $0.45\mu m$ 醋酸纤维膜过滤，除去不溶物，定容成储备液备用。使用时向水中投加的腐殖酸量以 DOC 计。

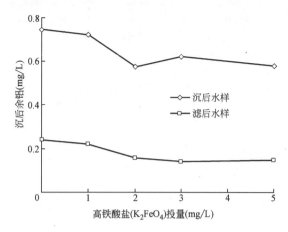

图 6-13　高铁酸盐预氧化对余铝的影响（低温低浊水）

向常温地表水中加入一定量的腐殖酸溶液进行混凝。图 6-14 为腐殖酸对剩余铝的影响。单纯硫酸铝混凝时，沉后水样的剩余铝浓度随着腐殖酸浓度的增加而升高，3mg/L 的高铁酸盐预氧化沉后水样的剩余铝浓度低于单纯硫酸铝混凝，随着腐殖酸浓度的增加，差异明显。继续增加腐殖酸投量，高铁酸盐预氧化的剩余铝浓度也呈上升趋势。试验结果说明，水中的腐殖物质是影响剩余铝浓度的重要因素，腐殖酸浓度增加，同样投量的硫酸铝混凝沉淀出水剩余铝升高。在一定的腐殖酸浓度范围内，高铁酸盐预氧化能够消除腐殖酸的影响，使出水的剩余铝浓度降低。

滤后水样的剩余铝曲线表现出同样的规律，沉后、滤后水样剩余铝浓度的差异基本代表硫酸铝混凝后其水解产物的溶解状态。未被过滤去除的部分主要为溶解性的 Al(Ⅲ)。

在常温下，铝盐水解后形成多种水解产物，简化的水解过程表示如式（6-1）～式（6-4）所示：

$$Al^{3+} + H_2O \longrightarrow Al(OH)^{2+} + H^+ \qquad (6\text{-}1)$$

$$Al^{3+} + 2H_2O \longrightarrow Al(OH)_2^+ + 2H^+ \qquad (6\text{-}2)$$

$$Al^{3+} + 3H_2O \longrightarrow Al(OH)_3 + 3H^+ \qquad (6\text{-}3)$$

$$Al^{3+} + 4H_2O \longrightarrow Al(OH)_4^- + 4H^+ \qquad (6\text{-}4)$$

这些水解产物的基本表达式为 $Al(OH)_n^{3-n}$，它们通过与水中带负电荷的溶解性腐殖物质顺序发生电中和及吸附、络合作用，溶解性的富

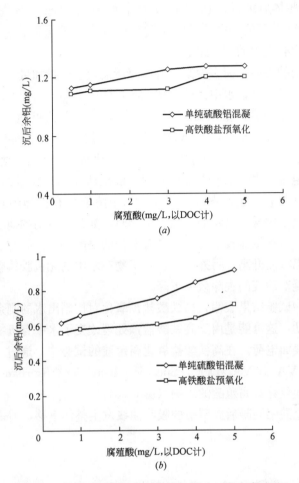

图 6-14 高铁酸盐预氧化对余铝的影响（存在腐殖酸）

里酸是水中溶解性腐殖物质的主要形式，我们以溶解性富里酸（AFA）为例表示铝盐的水解产物与水中的腐殖物质的电中和过程，见式 (6-5)、式 (6-6)

$$Al(OH)_n^{3-n} + AFA^{x-} \rightleftharpoons Al(OH)_nAFA(aq) \rightleftharpoons Al(OH)_nAFA(s) \tag{6-5}$$

$$Al(OH)_n^{3-n} + AFA^{x-} \rightleftharpoons Al(OH)_nAFA(aq) + Al(OH)_3(s) \rightleftharpoons Al(OH)_nAFA(s) \cdot Al(OH)_3(s) \tag{6-6}$$

铝盐混凝通过上面 2 个过程去除水中溶解性的有机物，第一个过程是电中和后有机物直接沉淀，第二个过程是溶解性的络合物吸附

Al(OH)$_3$ 胶体后沉淀。在混凝过程中形成的中间溶解性的络合物 Al(OH)$_n$AFA 可能会在整个混凝过程中没有被吸附而保持溶解状态，形成过滤后剩余铝的主要组成部分。

有机物的表面电荷多少制约着混凝所需铝盐的投加量。由于表面的羟基等的离解作用，水中天然溶解性有机物的表面电荷受水体的 pH 影响很大，一般来说，富里酸（AFA）的最高总电荷可达 15μeq/mgC。当水体的 pH 为 5.5 时，AFA 的表面电荷约为 7.5μeq/mgC；pH 为 7 时，表面电荷约为 10μeq/mgC 或者更高。因此，当水中的溶解性有机物浓度一定时，水体的 pH 就成为制约混凝所需铝盐投量的重要指标。一般地表水的 pH 范围是 6.5～7.5，水中溶解性有机物的表面电荷较高，因此当水中含有大量的天然有机物时，如色度较高的地表水，混凝比较困难，增加铝盐投量能够提高有机物的去除率，但同时也可能使出水的剩余铝浓度升高。另外，由于有机物对水中的无机胶体颗粒保护作用，使混凝对浊度的去除效率下降。

前面的试验结果表明，高铁酸盐预氧化对控制出水的剩余铝浓度有一定的帮助，这可能是由于高铁酸盐预处理改变了水中有机物的形态或降低了其表面电荷。在高铁酸盐氧化腐殖酸的试验中，通过 UVA 扫描结果及 SUVA（UV$_{254}$/DOC，Specific Ultraviolet Absorbance）变化考察高铁酸盐氧化对腐殖酸的影响（图 6-15）。

经过硫酸铝混凝后腐殖酸的吸收曲线发生整体下移，但是吸收曲线

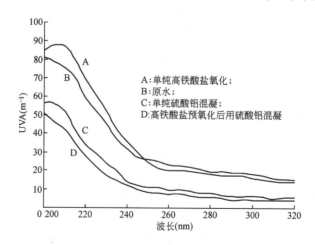

图 6-15 高铁酸盐氧化对腐殖酸 UVA 的影响

的形状与原腐殖酸的吸收曲线没有差别,这说明硫酸铝混凝没有改变腐殖酸分子的空间结构,或者使其官能团组成发生变化,曲线的整体下移证明硫酸铝混凝对腐殖酸有一定的去除作用,滤后水腐殖酸含量降低,使得在扫描波长范围内的吸收强度下降。高铁酸盐预氧化后用硫酸铝混凝能够使腐殖酸在整个紫外波长范围内的吸光度值进一步下降,说明经过高铁酸盐氧化后,水中的腐殖酸较容易被后续的硫酸铝混凝过程去除。

经过硫酸铝混凝后腐殖酸的吸收曲线发生整体下移,但是吸收曲线的形状与原腐殖酸的吸收曲线没有差别,这说明硫酸铝混凝没有改变腐殖酸分子的空间结构,或者使其官能团组成发生变化,曲线的整体下移证明硫酸铝混凝对腐殖酸有一定的去除作用,滤后水腐殖酸含量降低,使得在扫描波长范围内的吸收强度下降。高铁酸盐预氧化后用硫酸铝混凝能够使腐殖酸在整个紫外波长范围内的吸光度值进一步下降,说明经过高铁酸盐氧化后,水中的腐殖酸较容易被后续的硫酸铝混凝过程去除。

高铁酸盐氧化后,腐殖酸的曲线形状发生了变化。在波长 200~250nm 的范围内,高铁酸盐氧化后腐殖酸的吸光度值有所升高,而在 250~300nm 范围内,腐殖酸的吸光度值有一定的降低。一般来说,在 210~250nm 范围的强吸收带可能是由于存在双键并处于共轭状态,在 260~300nm 的中强吸收带是苯环的特征。双键含量的增加可能是由于氧化后生成的极性基团数量增多。从前面的色质联机检测结果也可以看出,高铁酸盐氧化使水中小分子量、低沸点的有机物数量增加,虽然试验采用的 XAD-2 树脂只能富集水中分子量相对较小、沸点相对较低的有机物,富集数量只有总有机物数量的 20%~30%,但是也能看出高铁酸盐氧化对水中有机物影响的趋势,即高铁酸盐氧化能够造成有机物的断链或者破环,并可能使极性基团数量增加。极性基团数量的增加使得水中有机物的表面总电荷量增加,提高了铝盐水解产物的电中和效率及与有机物的络合机会,能够提高铝盐混凝对有机物的去除率,并应该有使剩余铝浓度升高的趋势。但从前面的试验结果可以看出,高铁酸盐预氧化却使硫酸铝混凝后的剩余铝浓度有一定程度的降低。

图 6-16 为高铁酸盐氧化后水样 SUVA 值的变化曲线。SUVA 是水中天然有机物(NOM)的自然性质以及混凝对 NOM、DOC 等去除能力的替代参数,为单位 DOC(mg/L)的紫外吸光度值(254nm),单位是 L/(mgC·m)。不同 SUVA 值的腐殖物质性质和其对混凝、DOC

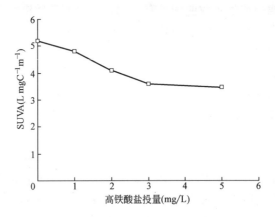

图 6-16 高铁酸盐氧化对腐殖酸 SUVA 的影响

去除率的影响见表 6-2。SUVA 值越大，腐殖物质对混凝的影响越大，当 SUVA>4 时腐殖物质浓度制约混凝效能并影响混凝剂投量，同时铝盐混凝对有机物的去除率较高；反之，SUVA 越小，其对混凝的影响越小，当 SUVA<2 时，腐殖物质浓度对混凝影响较小，但是铝盐混凝对其去除效率也较低。氧化处理使 SUVA 改变，它对混凝的影响也可能并不完全遵循上述规律，但仍然可以从其变化方向推测高铁酸盐预氧化对水中腐殖物质性质的改变。

天然有机物的性质和理论 DOC 去除率的关系　　　　表 6-2

SUVA	腐殖物质组成	对混凝影响	理论 DOC 去除率
>4	多数的溶解性、高疏水性、高分子量的腐殖物质	NOM 控制 DOC 去除良好	>50%
2~4	溶解性腐殖物质和其他腐殖质的混合,疏水和亲水性腐殖质的混合,分子量范围较宽	NOM 影响较大 DOC 去除较好	25%~50%
<2	多数的非腐殖物质,低疏水性,低分子量	NOM 影响较小 DOC 去除率不高	<25%

从曲线变化可见，高铁酸盐氧化后腐殖酸的 SUVA 随高铁酸盐投量的增加而降低。当水中的腐殖酸对混凝影响较大时，硫酸铝混凝对水中的浊度去除效果较差。增加硫酸铝投量虽然能够获得较好的 DOC 去除效果，但是硫酸铝对腐殖酸的去除是通过电中和及吸附作用完成，增加硫酸铝投量必然导致水中剩余铝浓度增加。高铁酸盐氧化后，腐殖酸的 SUVA 值下降，可能降低腐殖物质对混凝的影响，因此降低了剩余铝浓度。从图 6-15 的紫外扫描曲线发现，高铁酸盐预氧化后用硫酸铝

混凝吸光度值的下降幅度要优于单纯的硫酸铝混凝。说明尽管腐殖酸被高铁酸盐氧化后其 SUVA 降低，后续混凝过程对 DOC 的去除效果仍然优于单纯硫酸铝混凝。结合前述的色质联机检测结果（第 2 章），高铁酸盐氧化后增加的小分子、低沸点的有机物在硫酸铝混凝后被去除。这是由于高铁酸盐被还原后可能形成带有高正电荷的水解产物，这些水解产物能够与有机物发生电中和作用，最终形成的 $Fe(OH)_3$ 胶体也能发挥吸附作用去除有机物。

从高铁酸盐预氧化处理有机物含量较高的水库水的试验结果也可以看出，投量较高的高铁酸盐预氧化滤后水样的剩余总铁浓度有稍许升高，这也可能说明由丁高铁酸盐还原后形成的水解产物能够吸附水中的有机物，部分与有机物络合的 $Fe(Ⅲ)$ 由于处于溶解状态没有被过滤截留而使滤后剩余总铁浓度升高，但是仅在高铁酸盐投量较高时（如 5mg/L），滤后水剩余总铁浓度才会有稍许升高，并且低于单纯硫酸铝混凝的滤后水。

总的来说，高铁酸盐预氧化过程改变了水中腐殖物质的性质，也改变了其影响混凝的方式，这种改变是有利于后续的混凝过程的。在常规水处理工艺条件和水质情况下，高铁酸盐不可能将水中的有机物无机化，高铁酸盐氧化能够使水中的有机物发生断链或者破环，产生低分子量、极性基团相对较多的有机物，即改变了水中有机物的分布。高铁酸盐在与有机物等还原物质接触氧化的过程中生成的带高价正电荷的水解产物能够与新生成的有机物发生电中和作用，因而减少了铝盐水解产物与有机物的电中和几率，降低了剩余铝浓度。最终形成的 $Fe(OH)_3$ 胶体会吸附水中的有机物，提高去除率。

6.3 小结

高铁酸盐预氧化主要目的是去除微量污染物，强化混凝作用是高铁酸盐的额外优点。如果可以通过调整消减混凝剂投量则可一定程度降低制水成本。高铁酸盐预氧化对难混凝地表水强化混凝的效果较明显。因为混凝过程影响因素较多，相互作用复杂，实际中应根据具体水质情况，通过试验确定投量、预氧化时间等工艺参数。

因高铁酸盐的强氧化性，大投量的高铁酸盐预处理有可能引起出水剩余铝浓度大幅波动，不排除出水铝浓度升高的可能性，实际应用要注意监测。

第 7 章 高铁酸盐处理废水

高铁酸盐同时具有强氧化性和混凝作用,理论上是一种较理想的用于污水物化处理的无机药剂。有关高铁酸盐处理废水的研究并不很多,笔者挑选高铁酸盐用于几种污水的处理效果在本章作一个综述,作为参考。由于污水中污染物浓度高,高铁酸盐投量一般不会低于 10mg/L。在污水的水质条件下,高铁酸盐的处理效率不同于受污染地表水的处理,读者可参考前面的内容作一下对比。

7.1 混合废水

Deluca 等(1992)进行了高铁酸盐处理混合废水的试验研究。废水来源于钢铁厂、制革厂、纺织厂、豆类加工厂、废水回收厂等工业废水和城镇生活污水。水质条件如下表,处理要求出水总固体、总磷和 BOD_5 达到排放标准。

混合废水源水水质 表 7-1

指标	数据	指标	数据
pH	6.2~6.8	浊度(NTU)	70~110
总固体(mg/L)	523~959	总悬浮固体(mg/L)	242~290
溶解性总固体(mg/L)	282~669	可沉性固体(mg/L)	2~3
酸度(mg/L)	25~172	碱度(mg/L)	44~99
总磷(mg/L)	0.45~0.77	总氮(mg/L)	8.8~12.2
氨氮(mg/L)	0~0.23	硝酸盐氮(mg/L)	0.05~0.21
COD(mg/L)	469~612	BOD_5(mg/L)	210~250
钙(mg/L)	0.04~0.2	铅 mg/L	0.5~0.55
铜(mg/L)	0.21~0.81	铬(mg/L)	0.22~0.43
锌(mg/L)	0.50~0.93	铁(mg/L)	10.5~47.9

研究者采用混凝试验对比了氯化铁、硫酸铝和高铁酸盐的处理效果。投量：高铁酸盐＝50mg/L、硫酸铝＝275mg/L、氯化铁125mg/L。结果见表 7-2。

去除率对比（DeLuca 等，1992）　　　　表 7-2

指　标	$FeCl_3$	$Al_2(SO_4)_3$	K_2FeO_4
可沉性固体	99	97	99
总悬浮固体	93	95	78
浊度	89	64	94
总磷	95	87	88
总氮	95	88	87
BOD_5	87	87	91
COD	93	90	70
钙	2	1	79
铅	15	10	63
铜	38	24	79
铬	89	56	88
锌	5	73	49
总铁	64	65	67

采用的高铁酸盐投量远远低于硫酸铝和氯化铁。从综合数据来看，高铁酸盐达到了比较好的处理效果。由于投量低，处理后污泥产量也低于其他 2 种常规混凝剂。应该注意的是，高铁酸盐对总悬浮固体、氮、磷、COD 等指标去除率不佳，有些甚至低于铁、铝混凝。高铁酸盐的反应历程与硫酸铝、氯化铁不同，氧化过程对絮凝作用影响较大。高铁酸盐是选择性氧化剂，这个特性也一定程度影响了有机物的去除。

7.2　放射性废水

放射性废物是指那些含有发射 α、β 和 γ 辐射的不稳定元素并伴随有热产生的无用材料，又称核废物。放射性废物进入环境后造成大气、水和土壤污染并可能通过多种途径进入人体。放射性污染主要指人工辐射源造成的污染，如核武器试验时产生的放射性物质，生产和使用放射性物质的企业排出的核废料。另外，医用、工业用、科学部门用的 X 射线源及放射性物质镭、钴、发光涂料、电视机显象管等，会产生一定的放射性污染。

核试验的沉降物会造成全球地表水的放射性物质含量提高。核企业排放的放射性废水，以及冲刷放射性污染物的用水，容易造成附近水域的放射性污染。放射性废水回灌、渗透、放射性废物深埋等可能污染地下水。地下水中的放射性物质也可以迁移和扩散到地表水中，造成地表水的污染。国家环保总局对从事含有放射性的来料加工工作的单位和个人排放放射性废水、废气、固体废物有严格的规定。放射性废水的处理也越来越受到关注。

Potts 等（1994）采用自来水加入镅（^{241}Am）和钚（^{239}Pu）配水进行了混凝试验。高铁酸盐混凝可以大幅降低配水的总 α 放射性。最优处理 pH 范围是在 10～12.5 之间。一级处理可以将总 α 放射性从 37000pCi/L 降低至 1500～7000pCi/L 范围内，去除率达 81～96%（见表 7-3）。高铁酸盐二级处理可以大幅提高去除率，总 α 放射性在 100pCi/L 以下，溶解性 α 放射性全部低于 40pCi/L。

高铁酸盐一级处理效果（5mg/L，Fe^{6+}）(Potts 等，1994)   表 7-3

pH	一级处理		二级处理	
	总 α 放射性	溶解性 α 放射性	总 α 放射性	溶解性 α 放射性
11.0	7000±500	420±130	90±70	<40
11.5	1900±300	240±100	60±60	<40
12.0	1500±200	90±70	<40	<40

高铁酸盐与等量的硫酸铁、高锰酸钾相比在去除总 α 放射性上面也更加高效，同时产生相对较少的放射性污泥（Deininger，1991）。

7.3 含铬废水

高铁酸盐可以将三价铬氧化为六价铬。利用高铁酸盐处理受三价铬污染的固体，将铬转化为溶解性的六价铬进行提取和分离。这是解决三价铬污染固废问题，并实现废弃铬资源化的一条新途径。反应过程如下（Sylvester 等，2001）：

$$Cr(OH)_3(s) + FeO_4^{2-}(aq) \longrightarrow CrO_4^{2-}(aq) + Fe(OH)_3(s) \quad \varphi = +0.85V$$

利用高铁酸盐处理放射性污泥回收三价铬，碱浓度、Fe(Ⅳ)/Cr(Ⅲ) 摩尔比和温度是影响氧化的主要因素。碱浓度高，处理效率高；Fe(Ⅳ)/Cr(Ⅲ) 摩尔比提高，铬去除率高。但摩尔比>10 后，去除率增加不明显。升温能够提高去除率，但同时也导致高铁酸盐分解加快，降低反应效率和反应程度。处理效果对比见表 7-4。

高铁酸盐处理含铬废水（Sylvester 等，2001）　　表 7-4

NaOH(M)	FeO_4^{2-} (mM)	T(℃)	接触时间(h)	去除率（%）
3	0	20	24	1.5
3	0	50	24	34.5
3	0	70	5.5	21.4
3	0	105	6	59.5
5	0	20	24	6.1
5	0	50	24	36.3
5	0	70	5.5	27.8
5	0	70	24	31.4
5	0	105	6	59.0
3	13	20	24	46.7
3	13	50	24	67.9
3	13	70	5.25	54.5
3	13	70	24	90.0
3	13	105	6	87.0
5	13	20	24	54.8
5	13	50	24	86.0
5	13	70	6.5	76.9
5	13	70	24	87.8
5	13	105	6	85.2

几种反应条件下三价铬氧化的动力学方程如下：

$y=89.9(1-e^{-0.17x})$ 反应条件：5mol/L NaOH；31mmol/L FeO_4^{2-}
$K=0.036\pm0.002h^{-1}$

$y=52.7(1-e^{-0.13x})$ 反应条件：5mol/L NaOH；18mmol/L FeO_4^{2-}
$K=0.050\pm0.004h^{-1}$

$y=29.6(1-e^{-0.26x})$ 反应条件：3mol/L NaOH；18mmol/L FeO_4^{2-}
$K=0.087\pm0.004h^{-1}$

7.4　丙烯腈废水

丙烯腈（Acrylonitrile，propenenitrile，AN，CH_2CHCN）亦称乙烯基氰（Vinyl cyanide），常温常压下为无色透明易蒸发的液体，主要用丙烯与氨氧气在触媒催化下氧化制得，是制造合成树脂（如 ABS 高强度树脂）合成橡胶（如丁腈橡胶）合成纤维（如腈纶纤维）等重要合成材料的主要原料，还可用以制造丙烯酸酯。丙烯腈毒性较大，含有丙烯腈的废水必须进行处理后才能排放。一般可采用物化处理、生物处理等方法。

李锋（2004）研究了高铁酸钾对模拟污水中 AN 的去除效果及主要影响因素，考察了高铁酸钾投加量、AN 初始浓度、体系 pH 值及 a 度等因素对反应的影响。

丙烯腈去除率随高铁酸钾投量增加而提高，高铁酸钾 10、20、50、100mg/L 处理 30min 可将丙烯腈分别去除 45%、62%、65%、68%左右。延长处理时间去除率进一步提高，例如，20mg/L 高铁酸钾可去除 80%左右的丙烯腈，100mg/L 高铁酸钾可去除 95%以上。高铁酸钾处理丙烯腈废水初期反应较快，随着时间延长，去除率提高缓慢，这是因为高铁酸盐不断消耗的缘故。

AN 废水进水浓度升高，去除率下降。数据显示，虽然去除率下降，但去除总量却随着进水浓度升高有所提高。例如，AN 浓度 400mg/L 的废水采用 20mg/L 高铁酸钾处理 30min 去除率只有 45%，但去除总量达 180mg/L。而进水浓度 100 mg/L 废水的去除率高达 80%，但被去除总量仅为 80mg/L。处理效果见表 7-5。

高铁酸钾处理 AN 废水（李锋，2004） 表 7-5

进水浓度（mg/L）	去除率（%）	去除总量（mg/L）
100	80	80
200	75	150
300	65	195
400	45	180

注：高铁酸钾投量为 20mg/L，处理时间为 40min。

调节进水浓度可在保证去除率的同时提高去除总量，必要时也可考虑多级处理的方法保证出水浓度达标。

pH 是影响去除率的重要指标，高铁酸钾处理丙烯腈废水存在最优 pH 区间，在中性条件下能够获得最优的去除率。这个现象与高铁酸钾氧化苯酚的机理相同。主要是因为高铁酸钾氧化有机物的过程受其氧化还原电位、分解速度、有机物的性态等因素的影响，而这些因素都依赖 pH 的变化。请参考第 2 章 2.3 节高铁酸盐氧化酚类化合物部分。温度对去除率的影响规律同 pH，大约在 40℃左右达到最优。与 pH 影响的规律相似，温度升高一方面加快了氧化反应速度，另一方面也加速了高铁酸钾的分解，降低了去除率。

7.5 印染废水

马君梅（2003）发现，高铁酸钾可用于印染废水的物化处理，降解COD和脱色。高铁酸钾对印染废水原水COD均有不同程度的去除（见表7-6）。对于COD较高的调节池出水，去除率也比较高。

高铁酸钾对印染废水原水COD的去除（马君梅，2003）　　表7-6

	原水	高铁酸钾10mg/L	高铁酸钾20mg/L
调节池后COD值(mg/L)	368.64	185.67	161.12
COD去除率(%)		49.6	56.3
好氧池后COD值(mg/L)	104.48	87.65	82.16
COD去除率(%)		16.1	21.4

高铁酸钾氧化能够高效去除纯活性、纯分散染料分别配水的色度，脱色率随高铁酸钾浓度、氧化时间单调递增。例如，10mg/L高铁酸钾氧化30min，可以去除80%左右的色度；高铁酸钾投量提高到20mg/L，脱色率达92%。pH对脱色率的影响同高铁酸钾氧化有机物的趋势相同，在中性条件下可以获得最优脱色率。同样，高铁酸盐对其他染料有相似的脱色作用，见表7-7。

很明显，高铁酸钾投量增加，脱色率提高。高铁酸钾投量20mg/L处理色度在200～600倍的废水，可以得到90%左右的脱色率。实验染料在中性范围内都可以达到良好的脱色率。

高铁酸钾对各种染料的脱色率（马君梅，2003）　　表7-7

高铁酸钾(mg/L)	10B普拉黄(%) 原色度500 pH 6～7	直接红4BS(%) 原色度400 pH 6～8	还原艳绿FFB(%) 原色度550 pH 6～9	中性黑BL(%) 原色度200 pH>5
6	54	62	47	70
10	68	75	79	90
15	80	85	84	92
20	89	90	89	98

高铁酸盐的氧化能力，可以将甲基橙、酸性铬蓝、铬黑T等偶氮类染料染料的不饱和双键，如偶氮双键、胺基、酚基、磺酸基等基团破坏，氧化为水和二氧化碳，使其发生降解和脱色效应。这些氧化反应过程通过紫外—可见吸收光谱、红外光谱分析得到证明（林智虹，2004）。

用高铁酸盐处理上海市望春花印染厂废水也获得了较好的效果（马君梅，2003）。该废水以活性染料为主，另外含1%左右的硫化染料和5%左右的纳夫妥。废水中印染助剂主要有纯碱、烧碱、硫酸钠、磷酸钠、次氯酸钠、醋酸钠、双氧水、洗涤剂等等。废水色度为800倍，pH=7.5。高铁酸钾投量10mg/L色度去除率达50%，投量提高到40mg/L时，色度去除达到90%。就整个色度去除情况来看，高铁酸钾对印染废水的脱色是非常有效的。研究者认为高铁酸钾可以高效率的处理一般染料厂的印染废水，没有明显的选择性。对比传统絮凝剂处理染料废水的选择性，高铁酸钾处理印染废水具有显著优势。

与高铁酸盐预氧化处理地表水类似，高铁酸盐/$Al(OH)_3$联用的混凝处理对工业印染废水的COD去除率比单纯高铁酸盐处理效果提高一倍以上，见表7-8。硫酸铝混凝沉淀是处理染料废水的常用方法，高铁酸钾预氧化与硫酸铝混凝沉淀联用能够增强染料废水的处理效果，是一种有潜力的染料废水处理方法。

高铁酸钾、硫酸铝联用处理染料废水（林智虹，2004）　　表7-8

指　标	单纯高铁酸钾处理	高铁酸钾+硫酸铝
COD(mg/L)	24	69
出水色度	淡黄色	无色

7.6　炸药废水

周军（2000）研究了高铁酸盐对炸药销毁废水中TNT的处理效果。高铁酸盐通过氧化分解TNT，降低其毒性而达到处理的目的。发现影响TNT去除率的主要因素依次为高铁酸钠投量、反应时间和体系的pH。TNT去除率随高铁酸盐投量、反应时间及pH的提高而单调增长，反应的最优pH为14。

高铁酸盐可以高效降解TNT，高铁酸钠投量100mg/L，氧化45min，可以将TNT浓度从105mg/L降低至0.30mg/L，满足国家一级排放标准要求。试验中现场制备的高铁酸盐溶液为高铁酸钠、次氯酸钠和氢氧化物的混合液，因此TNT的去除是多组分共同左右的结果。高铁酸钠、次氯酸钠和氢氧根对TNT去除的贡献分别为45%~50%、50%和10%左右。高铁酸钠氧化法与Fenton试剂法相比，具有处理效率高、投资和运行费用低的优点。另外，辅助紫外光照射，可以将高铁酸盐的用量降低40％。

7.7 冷却系统生物膜

生物膜生长是工业冷却水系统存在的主要问题。有关控制生物膜生长的研究很多，一般发电厂可以采用连续或间歇加氯的方法，也可以采用臭氧或其他杀生剂的方法。然而，这些杀生剂不是运行费用较高就是可能存在环境污染问题。采用高铁酸盐作为杀生剂控制冷却水系统生物膜可以取得较理想的结果（Fagan 和 Waite，1982）。

研究在连续流冷却水系统模型中进行，处理量为5gallon/h。试验初期，系统加入212mg/L的葡萄糖和21.2mg/L的营养肉汤，并用天然微生物接种。接种液由天然水加入营养肉汤培养获得。初期运行7d后，系统表面生长出稳定生物膜。试验期间，温度为28～35℃，pH在7.5～8.1之间，系统中水流速保持在0.3m/s。高铁酸盐在开始运行12h后投加。36h后每隔1d取生物膜样测定厚度。试验结果如图7-1所示。

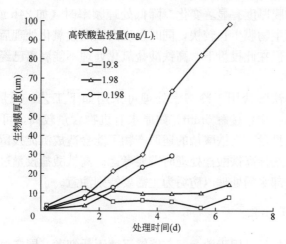

图7-1 高铁酸盐浓度对生物膜厚度的影响
反应条件：间歇投加，每12h处理20min。

高铁酸盐0.2～2mg/L就可以取得比较好的控制生物膜的效果。增加投量至20mg/L并不能显著提高控制效果。0.2～2.0mg/L是饮用水处理中常用投量，也是高铁酸盐能够有效消杀病菌的投量范围，该投量范围能够产生明显效果比较合理。

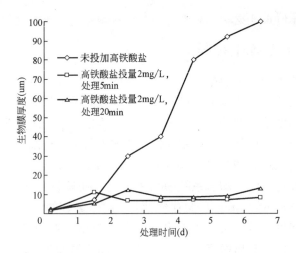

图 7-2 高铁酸盐处理时间对生物膜厚度的影响

缩短每次高铁酸盐的处理时间为 5min，与每次处理 20min 对比，并未发现明显差别。保证高铁酸盐浓度，改变单位时间内的投加频率也未发现生物膜厚度有显著变化。降低处理频率时（如 24h 或 48h 一次）会导致初期生物膜生长较快，同时发现高铁酸盐氧化处理后生物膜黏附强度下降。但在此投量下，高铁酸盐氧化处理不能剥离已经粘附在管壁上的生物膜。

建议高铁酸盐用于冷却水处理可采用如下工艺：投量 0.2mg/L，每 12h 投加一次，接触 5min。如原水有机物含量较高，可根据情况提高高铁酸盐投量。高铁酸盐的还原产物可能会造成沉淀残留并对水质有一定影响，选择高铁酸盐处理时需要考虑。高铁酸盐投量过高可能加重结垢，如冷却水的处理以防垢为主需要特别注意。

7.8 灭活病毒

高铁酸盐最早用于消毒，它能够迅速灭活细菌，同样对病毒也有良好的杀灭效果。F-RNA 噬菌体（F-specific RNA coliphage Qβ）是通过性菌毛感染雄性大肠杆菌的一类 RNA 细菌病毒，在污水中普遍存在，在大小、形态结构及对环境条件和水处理过程的抗性与肠道病毒相似，被认为是水中肠道病毒的合适的指示生物。高铁酸盐对 F-RNA 噬菌体有良好的灭活效果（Kazama，1994）。灭活动力学曲线见图 7-3。

动力学曲线复合 Chick-Watson 消毒动力学模型中的 Hom 方程，

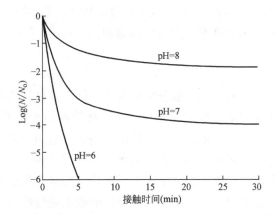

图 7-3 高铁酸盐灭活 F-RNA 大肠杆菌噬菌体动力学曲线

见式（7-1）

$$\log(N_t/N_0) = -K'C^n t^m \tag{7-1}$$

其中，K'、n 和 m 是经验常数，通过 $\log(-\log(N_t/N_0))$ 对 $\log(t)$ 作图，由线形拟合求得（表 3-3）。

数据显示，K' 值随 pH 降低而增加，约每 1 个 pH 单位增加 1 倍。而 n 和 m 值并不受 pH 变化影响，平均值分别为 0.6 和 0.5。因此，Qβ 大肠杆菌噬菌体的灭活动力学模型可以表达为式（7-2）：

$$\log(N_t/N_0) = -K'C^{0.6} t^{0.5} \tag{7-2}$$

该模型为缓冲溶液条件下获得，仅作为高铁酸盐消毒的参考。实际用于污水消毒需要根据具体情况通过试验确定投量、接触时间等参数。

高铁酸盐灭活 Qβ 大肠杆菌噬菌体 Hom 方程常数（Kazama, 1994）

表 7-9

pH	高铁酸盐投量(mg/L)	$K'(L^n/mg^n min^m)$	n	m
6	0.15～8.7	2.0	0.58	0.45
7	0.3～10.0	0.87	0.64	0.51
8	0.25～16.0	0.42	0.65	0.54

高铁酸盐分解后，即其特征紫色消失后，仍然具有良好的灭活 Qβ 大肠杆菌噬菌体的效果，且动力学模型与高铁酸盐灭活相近。说明高铁酸盐分解后可能产生中间氧化性物质，可以发挥继续灭活的作用。中性

或弱碱性条件下，高铁酸盐灭活病毒效率较高。若用于医疗废水的处理，是可能取代氯消毒的一种无机消毒剂。

7.9 小结

由于污水水质差异大，成分复杂程度不同，高铁酸盐的实际作用需要根据试验结果判定。本章综述的高铁酸盐处理污水效果仅作为参考，而不能完全作为使用的依据。可以确定，高铁酸盐用于废水和工业水处理同样具有高效、多功能的特点，它在污水处理方面的应用还仅仅处于初级阶段，应该鼓励更多的尝试，开展更广泛的研究和探索。需要注意的是，高铁酸盐造价较高，初步估计高铁酸盐工业规模生成的最低成本在 $1\sim 3$ 万元/t。如用于废水处理，高投量必然导致高处理费用。笔者认为在实际中应首先考虑高铁酸盐与其他水处理剂联用的工艺，如与常用混凝剂联用，也可以根据高铁酸盐的氧化特性考虑与其他氧化剂的联用。

第 8 章　高铁酸盐工程应用前景与建议

8.1　高铁酸盐应用总结

8.1.1　高铁酸盐的使用方法

使用高铁酸盐首先需要注意其稳定性。现场储备高铁酸盐必须保证环境干燥。事实上，高铁酸盐固体在干燥条件下相当稳定，可保证至少一年不会分解。使用时如采用干粉投加的方式，则不用考虑高铁酸盐分解的问题。高铁酸盐在潮湿环境或水溶液中自分解严重，环境温度升高、溶液中杂质含量过多、pH 下降都可能加速其分解。高浓度高铁酸盐溶液稳定性差。现场溶药后不宜放置时间过长，一般采用自来水配制高铁酸盐溶液（1%）可保持在 4~8h 内分解率低于 10%。因此，如需投加高铁酸盐溶液，最好采取随配随用的方式。

高铁酸盐在地表水中褪色速度快，在水处理工艺过程中一般不会出现残留现象。投量范围宽，可在 1~5mg/L 内根据需要选择，特殊情况下也可投加 10mg/L 以上的高铁酸盐。用于地表水处理时，需要与常用混凝剂联用，一般不考虑采用单纯高铁酸盐处理。一方面是出于制水成本的考虑；另一方面，最近的研究发现，单纯高铁酸盐处理时絮体细小、形成缓慢，固液分离效率低于硫酸铝混凝沉淀。

8.1.2　高铁酸盐除污染效果和影响因素

高铁酸盐对一些典型有机物氧化效果不错，因为目前的数据均是在实验室纯溶液条件下获得，地表水条件下水中多种还原物质与目标污染物存在竞争反应，实际效果如何还有待考察。笔者的研究结果显示，低投量（3.5mg/L）的高铁酸盐预氧化可以广泛的去除有机污染物。比如苯系物去除率达到 94.4%，醇类和酚类去除率分别为 83.6% 和 77.3%，烷烃等去除 83.7%。对不饱和烃、稠环芳烃、酸、含氮化合物也有较好的去除效果。然而，高铁酸盐对 TOC、COD 等水质指标作用并不明显，一般可以将单纯硫酸铝混凝的去除率提高 10%~30% 左右。

高铁酸盐对含藻湖泊、水库水的强化除藻效果明显，特别是难处理含藻水的强化混凝。根据试验结果，高铁酸盐预氧化可以将湖泊水藻类去除率提高 20%~50%。需要说明的是，采用高铁酸盐预氧化可以在取得高去除率的同时大幅消减混凝剂投量，降低处理成本。例如，1mg/L 高铁酸盐与 30mg/L 硫酸铝可以去除 58% 的藻类，而 30mg/L 单纯硫酸铝只能去除 27%，80mg/L 硫酸铝也只能去除 48% 的藻类。

pH 值和预氧化时间是影响高铁酸盐预氧化除藻效果的重要因素，适当地降低 pH 值、延长预氧化时间将大大地提高高铁酸盐预氧化除藻效率。对于含藻量特别高的湖泊水，单纯依靠提高高铁酸盐投量取得理想除藻率并不一定是经济高效的手段。可以根据实际情况，结合其他除藻方法，提高工艺的整体效率。

高铁酸盐可以迅速氧化水中硫化氢、氰、砷（Ⅲ）、锰（Ⅱ）等。因为在酸性条件下高铁酸盐不稳定，自分解严重，氧化性不能得到全部发挥。实际中如原水 pH 过低，应调至中性或弱碱性，虽然反应速度有所降低，但可以保证高铁酸盐反应完全。中性或弱碱性条件下，高铁酸盐可以提高铅、镉等重金属离子去除率 10%~30%，适当提高原水 pH 值也有利于铅、镉的去除。

8.1.3 高铁酸盐处理的技术优势

高铁酸盐同时具有强氧化性和混凝功能，理论上是一种较理想的水处理无机药剂。高铁酸盐在给水处理上的应用不需改变现有工艺流程，不需增加大的设备，特别适合季节性水质恶化时的强化处理。水处理厂一般采用预氯化作为水质恶化时的应急手段，但氯化过程会生成三卤甲烷、卤乙酸等强致癌有机污染物，对饮用水安全造成危害。如采用高铁酸盐取代预氯化，则能够避免上述问题。

与臭氧、活性炭等除污染技术对比，高铁酸盐在投资、运行费用及操作管理等方面具有明显的优势。随着水质标准日趋严格，高效多功能的水处理药剂将占有更大的市场，应该说高铁酸盐的应用前景广阔。

另外，在某些难混凝地表水水质条件下，高铁酸盐预氧化有较明显的强化混凝效果。高铁酸盐处理的主要目的是去除微量污染物，除浊是其额外优点。虽然目前多数水处理厂系统运行科学可靠，浊度的去除已经不是其主要目标，但如果通过调整可以消减常规混凝剂投量，则可一定程度降低制水成本，减轻使用高铁酸盐的运行费用负担。

总的来说，高铁酸盐可以广谱去除地表水中的污染物。由于地表水成分复杂，水质差异大，高铁酸盐对某种特定地表水的作用如何还需要试验验证。氧化时间、投量等也需要视具体情况和处理目的确定。

8.2 主要问题和展望

国内学者开展高铁酸盐制备、应用的研究工作已经有近20年左右，有关合成工艺参数和反应机理的研究已经相当成熟。但至今还没有实现高铁酸盐的商业合成，也并没有进行生产规模的应用。

8.2.1 高铁酸盐应用的经济技术瓶颈

从技术角度考虑，次氯酸盐氧化法工艺性好，是相当成熟的方法。工艺流程清晰，反应条件易得，是实现工业性生产的首选方法。该工艺要求严格控制体系温度、次氯酸浓度及反应物摩尔比。制得成品为高铁酸钾结晶和无机盐的混合物，如果需要提纯工序，将会提高成本。目前，高铁酸盐的合成还局限在实验室规模，缺少百公斤级或吨级大规模合成的经验和数据，到实现工业化合成尚有不小的距离。

价格一直是制约高铁酸盐应用的主要原因，并直接导致高铁酸盐工业级合成技术及设备的研究和开发缺乏驱动力。初步估计，采用次氯酸氧化法工业规模生产高铁酸盐的最低成本约为 1~3 万元/t，市场销售价将更高。

另外重要一个原因是潜在用户，如水处理厂、环保公司等对高铁酸盐的作用与使用方法不了解。将高铁酸盐混同于普通无机絮凝剂，认为高铁酸盐与铝盐、铁盐等使用方法及作用类似。硫酸铝市场价低于 1000 元/t，聚合铝市场价在 2000~3000 元/t，多数用户从心理上不能接受几万元/吨的价格。事实上，用于饮用水处理时高铁酸盐投量较低，一般只需在混凝阶段之前投加少量的高铁酸盐，即可有效改善饮用水色度、嗅味等，提高出水水质，而制水成本增加量有限。

8.2.2 面临的主要问题

现阶段需要解决的问题主要还是工业化生产技术的研发以及有效降

低制备成本，使高铁酸盐与其他除污染药剂相比在价格上具有竞争性。另外，产品类型也是推动高铁酸盐应用需要考虑的重要问题。现在的高铁酸盐合成研发方向以生产高纯度高铁酸盐为主，纯度可达99%以上，价格也相当昂贵。鉴于高铁酸盐在水处理中是与其他水处理剂联用，笔者建议，生产者可以考虑根据用户需求研发以高铁酸盐为主的复配药剂。一方面可以降低高铁酸盐产品成本和销售价格，增加市场竞争力；另一方面，复配药剂使用简单、操作方便，易于被用户接受。如果通过复配能够增强高铁酸盐除污染效果则更佳。

由于高铁酸盐的强氧化性和易分解的特点，实际中需要特别注意保存和使用的方式。由此增加的工作量和较高技术要求也导致水处理厂不愿意采用高铁酸盐处理。研究一套简单有效的高铁酸盐保存、投加的方法并开发相应容器和投加设备将大大方便用户，利于高铁酸盐的推广。

参 考 文 献

1. Carr J D, Kelter P B, Ericson A T (Ⅲ). Ferrate (Ⅳ) Oxidation of Nitrilotriacetic Acid. Environmental Science & Technology, 1981, 15 (2): 184~187.
2. Deininger J P, Dotson R L. U. S. Patent. 1984, No. 4, 451, 338.
3. Deininger J P. U. S. Patent. 1991, No. 4, 983, 306.
4. Deininger J P. U. S. Patent. 1993, No. 5, 217, 584.
5. Delaude L, Laszlo P. A novel oxidizing reagent based on potassium ferrate (Ⅵ). Journal of Organic Chemistry, 1996, 61 (18): 6360~6370.
6. DeLuca S J, Cantelli M, DeLuca M A. Ferrate vs Traditional coagulants in the treatment of combined industrial-wastes. Water Science and Technology, 1992, 26 (9-11): 2077~2080.
7. Fagan J, Waite T D. Biofouling control with ferrate (Ⅵ). Environmental Science & Technology, 1983, 17 (2): 123~125.
8. Huang H, Sommerfeld D, Dunn B C, Eyring E M, Lloyd C R. Ferrate (Ⅵ) oxidation of aqueous phenol: Kinetics and mechanism. Journal of Physical Chemistry A, 2001, 5 (14): 3536~3541.
9. Huang H, Sommerfeld D, Dunn B C, Lloyd C R, Eyring E M. Ferrate (Ⅵ) oxidation of aniline. Journal of the Chemical Society-Dalton Transactions, 2001, 5 (8): 1301~1305.
10. Jeannot C, Malaman B, Gerardin R, Oulladiaf B. Synthesis, crystal, and magnetic structures of the sodium ferrate (Ⅳ) Na_2FeO_4 studied by neutron diffraction and mdssbauer techniques. Journal of Solid State Chemistry, 2002, 165 (2): 266~277.
11. Johnson D A, Hornstein B J. Kinetics and mechanism of the ferrate oxidation of hydrazine and monomethylhydrazine. Inorganic Chimica Acta, 1994, 225: 145~150.
12. Johnson M D, Hornstein B J. The kinetics and mechanism of the ferrate (Ⅵ) oxidation of hydroxylamines. Inorganic Chemistry, 2003, 42 (21): 6923~6928.
13. Johnson M D, Read J F. Kinetics and mechanism of the ferrate oxidation of thiosulfate and other sulfur-containing species. Inorganic Chemistry, 1996, 35 (23): 6795~6799.
14. Johnson N D, Bernard J. Kinetics and Mechanism of the ferrate oxidation of sulfite and selenite in aqueous-media. Inorganic Chemistry, 1992, 31 (24): 5140~5142.

15. Kaczur J J, Coleman J E. U. S. Patent. 1985, No. 4, 500, 499.
16. Kaczur J J. U. S. Patent. 1986, No. 4, 606, 843.
17. Kazama F. Inactivation of colpphage Q-beta by potassium ferrate. Fems Microbiology Letters, 1994, 118 (3): 345~349.
18. Lee Y H, Um I H, Yoon J Y. Arsenic (Ⅲ) oxidation by iron (Ⅵ) (ferrate) and subsequent removal of arsenic (Ⅴ) by iron (Ⅲ) coagulation. Environmental Science & Technology, 2003, 37 (24): 5750~5756.
19. Mein P G, Reidies A H. U. S. Patent. 1981, No. 4, 304, 760.
20. Murshed M, Rockstraw D A, Hanson A T, Johnson M. Rapid oxidation of sulfide mine tailings by reaction with potassium ferrate. Environmental Pollution, 2003, 125 (2): 245~253.
21. Norcross B E, Lewis W C, Gai H F, Noureldin N A, Lee D G. The oxidation of secondary alcohols by potassium tetraoxoferrate (Ⅵ). Canada Journal of Chemistry-Revue Canadienne De Chimie, 1997, 75 (2): 129~139.
22. Ohta T; Kamachi T; Shiota Y, Yoshizawa K. A theoretical study of alcohol oxidation by ferrate. Journal of Organic Chemistry, 2001, 66 (12): 4122~4131.
23. Potts M P, Churchwell D R. Removal of radionuclides in wastewaters utilizing potassium ferrate (Ⅵ). Water Environment Research, 1994, 66 (2): 107~109.
24. Qu J H, Kiu H J, Liu S X, Lei P J. Reduction of fulvic acid in drinking water by ferrate. Journal of Environmental Engineering, 2003, 129 (1): 17~23.
25. Read J F, Bewick S A, Graves C R, MacPherson J M, Salah J C, Theriault A, Wyand A E H. The kinetics and mechanism of the oxidation of s-methyl-L-cysteine, L-cystine and L-cysteine by potassium ferrate. Inorganic chimica acta, 2000, 303, 244~255.
26. Read J F, Graves C R, Jachson E. The kinetics and mechanism of the pxidation of the thiols 3-mercapto-1-propane sulfonic acid and 2-mercaptonicotinic acid by potassium ferrate. Inorganic chimica acta, 2003, 348, 41~49.
27. Read J F, John J, MacPherson J, Schaubel C, Theriault A. The kinetics and mechanism of the oxidation of inorganic oxysulfur compounds by potassium ferrate. Inorganic Chimica Acta, 2001, 315: 96~106.
28. Rush J D, Bielski B H J. Decay of ferrate (Ⅴ) in neutral and acidic solutions-a premix pulse-radiolysis study. Inorganic Chemistry, 1994, 33 (24): 5499~5502.
29. Rush J D, Zhao Z W, Bielski B H J. Reaction of ferrate (Ⅵ) /ferrate (Ⅴ) with hydrogen peroxide and superoxide anion-A stopped-flow and premix pulse radiol-

ysis study. Free Radical Research, 1996, 24 (3): 187~198.

30. Sharma V K, Burnett C R, O'Connor D B and Cabelli D. Iron (VI) and iron (V) oxidation of thiocyanate. Environmental Science & Technology, 2002, 36 (19): 4182~4186.

31. Sharma V K, O'Connor D B. Ferrate (VI) oxidation of thiourea: a premix pulse radiolysis study. Inorganic Chimica Acta, 2000, 311: 40~44.

32. Sharma V K, O'Connor D B, Cabelli D E. Sequential one-electron reduction of Fe (V) to Fe (III) by cyanide in alkaline medium. Journal of Physical Chemistry B, 2001, 105 (46): 11529~11532.

33. Sharma V K, Rendon R A, Millero F J, Vazquez F G. Oxidation of thioacetamide by ferrate (VI). Marine Chemistry, 2000, 70: 235~242.

34. Sharma V K, Rivera W, Joshi V N, Millero F J, O'Connor D. Ferrate (VI) oxidation of thiourea. Environmental Science & Technology, 1999, 33 (15): 2645~2650.

35. Sharma V K, Rivera W, Smith J O, O'Brien B. Ferrate (VI) oxidation of aqueous cyanide. Environmental Science & Technology, 1998, 32 (17): 2608~2613.

36. Sharma V K, Smith J O, Millero F J. Ferrate (VI) oxidation of hydrogen sulfide. Environmental Science & Technology, 1997, 31 (9): 2486~2491.

37. Sharma V K. Ferrate (V) oxidation of pollutants: a premix pulse radiolysis study. Radiation Physics and Chemistry, 2002, 65 (4-5): 349~355.

38. Sharma V K. Potassium ferrate (VI): an environmentally friendly oxidant. Advances in Environmental Research, 2002, 6 (2): 143~156.

39. Sylvester P, Rutherford L A, Gonzalez-Martin A, Kim J, Rapko B M, Lumetta G J. Ferrate treatment for removing chromium from high-level radioactive tank waste. Environmental Science & Technology, 2001, 35 (1): 216~221.

40. Thompson. U. S. Patent. 1983, No. 4, 385, 045. 524.

41. Thompson. U. S. Patent. 1985, No. 4, 545, 974. 108.

42. 李锋. 高级氧化技术处理丙烯腈污水的研究: [硕士学位论文]. 大庆石油学院, 2004

43. 梁咏梅. 高价态铁锰氧化剂强化去除水中微量金属污染物: [博士学位论文]. 哈尔滨工业大学, 2003

44. 林智虹. 高铁酸盐的制备及其应用研究: [硕士学位论文]. 福建师范大学, 2004

45. 刘伟. 高铁酸盐预氧化去除饮用水中微量污染物的效能与机理: [博士学位论文]. 哈尔滨工业大学, 2001

46. 马君梅. 高铁酸钾预处理印染废水的研究: [硕士学位论文]. 东华大学, 2003

47. 曲久辉，林谡，田宝珍，王立立．高铁酸盐氧化絮凝去除水中腐殖质的研究．环境科学学报，1999，19（5）：510～514．
48. 许家驹．高铁（Ⅵ）酸盐电化学合成的研究：［硕士学位论文］．浙江大学，2004
49. 苑宝铃，曲久辉，王敏．高铁酸盐对藻类肝毒素的降解．环境科学，2002，23（2）：96～99．
50. 周军．高铁酸盐现场制备新工艺及应用研究：［博士学位论文］．西安建筑科技大学，2001